KOSMOS

Pflanzen vermehren

Schritt für Schritt

Anja Flehmig

Inhalt

Wichtiges vorneweg

Blühende Sommerblumen aussäen, Stecklinge von Balkon- und Kübelpflanzen abnehmen, langjährige Beetstauden teilen, vielleicht auch das Ziehen neuer Sträucher aus Steckhölzern ausprobieren, oder, ganz klassisch, Zimmerpflanzen durch Ableger vermehren – die Pflanzen in Haus und Garten bieten uns ein großes, spannendes Experimentierfeld! Und egal, welche Pflanzen Sie vermehren möchten – wichtig ist: Werkzeuge und Behälter sollten sauber und trocken sein (siehe Seite 14 f.); das Substrat, die Raumtemperatur und – bei Stecklingen von Zimmerpflanzen – die Luftfeuchtigkeit müssen auf die jeweiligen Pflanzenarten abgestimmt sein. Wenn Sie jetzt noch für die Aufzucht der kleinen, jungen Pflanzen ein wachsames Auge und ein bisschen Geduld mitbringen – dann kann es losgehen!

Keimlinge und Samen

***Alle blühenden Pflanzen** bilden nach der Befruchtung Früchte aus. Hierin befinden sich die Samen, aus denen wieder neue Pflanzen hervorgehen können. Für Pflanzen ist eine möglichst weite Verbreitung der Früchte/Samen wichtig, denn nur so können sie bessere Standorte erobern. Bei der Verteilung sind z. B. Vögel, die die Früchte verzehren und die Samen an anderer Stelle wieder ausscheiden, oder der Wind, welcher z. B. die „Schirmchen" der Pusteblume verbreitet, eine gute Hilfe. Der Nachteil der weiten Wege: Die Früchte/Samen „wissen" nicht, ob der neue Platz für die Keimung auch geeignet ist. Deshalb beginnt diese nur dann, wenn bestimmte Umweltbedingungen erfüllt sind. Manche keimen z. B. erst nach einer langen Regenperiode, manche erst dann, wenn sie einige Zeit im Dunkeln gelegen haben.*

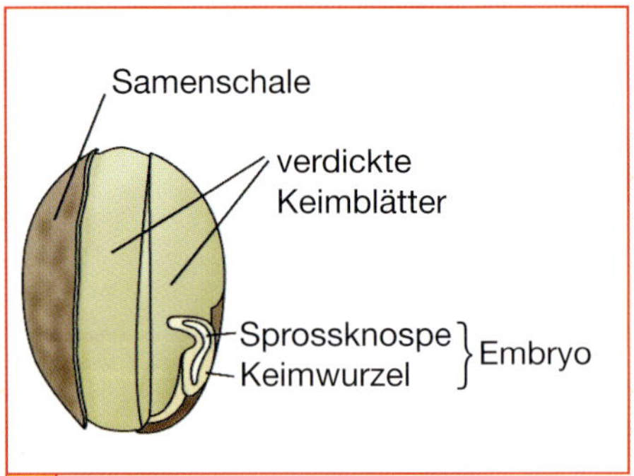

1 Aufbau der Pflanzensamen Der junge Embryo einer Blütenpflanze liegt im Innern des Samens. Um ihn herum sind die Keimblätter und die Samenschale. Bei der Saubohne fungieren die verdickten Keimblätter als Nährstoffreservoir für die bevorstehende Keimung.

Teesieb

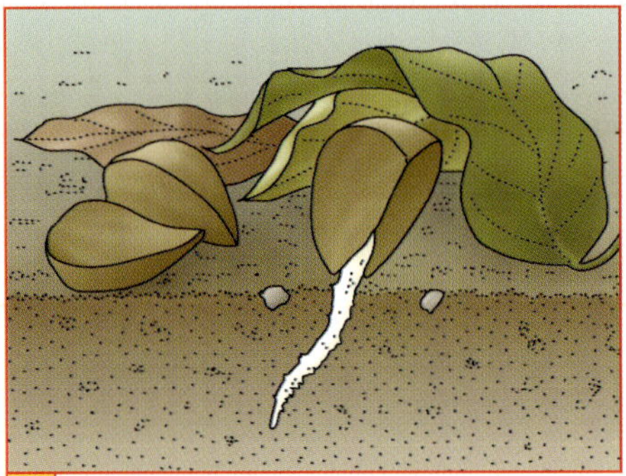

2 Keimungsbedingungen Die Samenschale bricht erst auf, wenn die Umweltbedingungen für die Keimung optimal sind. Bei Bucheckern führen z. B. erst mehrere Wochen Dunkelheit unter dem feuchten Falllaub zum Keimungserfolg.

3 Die Keimung Wenn die Umweltbedingungen stimmen, beginnt der Keimungsvorgang. Zunächst nimmt der Same reichlich Wasser auf – er quillt und die Samenschale reißt schließlich an einer Stelle auf. Dann wächst der Embryo – die Wurzeln und die ersten Blätter werden ans Licht geschoben (siehe Foto).

Samenformen

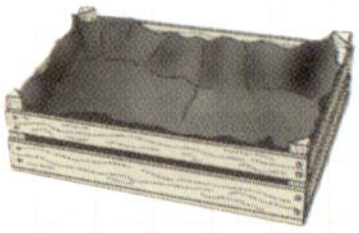

Karton

Manche Fruchtstände platzen beim Ausreifen von sich aus auf!

4 Samen ernten Leicht können Sie Samen von Sommerblumen und Stauden gewinnen (Hybrid-Sorten sind aber nicht geeignet!). Lassen Sie die Fruchtstände noch an der Pflanze ausreifen und trocknen. Öffnen Sie dann die Fruchtschale und sammeln Sie die reifen Samenkörner ab.

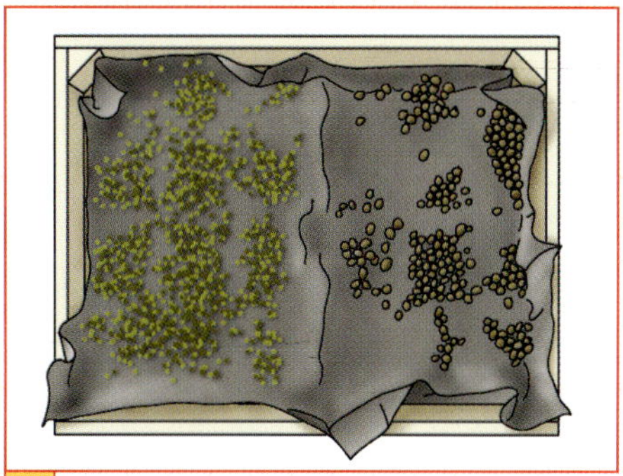

5 Samen trocknen Streichen Sie zunächst die Samen durch ein Sieb, um sie von feinen Pflanzenresten zu befreien. Jetzt in einer mit Zeitungspapier ausgelegten Kiste so auslegen, dass sie nicht übereinander liegen, und in einem kühlen, trockenen Kellerraum den Winter über ruhen lassen.

6 Keimfähigkeit testen Achten Sie gerade bei den selbst gesammelten Samen darauf, dass sie groß und prall aussehen (siehe Seite 18). Große Samenkörner legen Sie kurz vor der Aussaat in ein mit Wasser gefülltes Einmachglas – die gesunden Samen sinken zu Boden, die nicht keimfähigen schwimmen obenauf.

Aus Zellen werden Pflanzen

Pflanzen besitzen die außergewöhnliche Fähigkeit*, aus fast jeder ihrer Zellen wieder eine neue Pflanze zu bilden. Werden z. B. Wiesenpflanzen von Weidevieh abgegrast, ist es für sie ein Leichtes, aus dem verbliebenen Reststück wieder einen neuen Pflanzenstock wachsen zu lassen. Für viele Pflanzen ist eine Verletzung sogar ein Signal, um vermehrt unterirdische Ausläufer zu bilden – eine ganz natürliche Art der vegetativen Vermehrung. In der gärtnerischen Kultur macht man sich dieses Verhalten zu Nutze: Pflanzen werden genau an der Stelle verletzt, an der man eine Neubewurzelung (siehe Foto) erreichen möchte (z. B. bei Stecklingsvermehrung, Absenkern, Abmoosen, Teilen), denn sie setzen dann alles daran, diese Verletzung schnell zu verschließen und neues Gewebe zu bilden.*

Plastiktüte und Gummiband

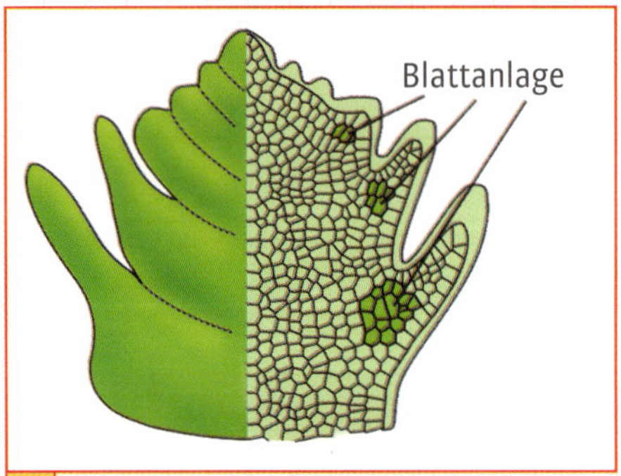

1 Meristemgewebe Es gibt zwei Gewebetypen bei Pflanzen, die sich sehr gut zur Vermehrung eignen: Das so genannte Meristem, das an der Sprossspitze liegt (oder wie hier im Bild an den Blattanlagen) und das Kambium.

2 Das Kambium Es spielt bei der vegetativen Vermehrung eine große Rolle. Das teilungsaktive Gewebe, nur an den Vegetationspunkten (siehe Markierung) zu einem Ring geschlossen, bildet z. B. die Zellen der Leitungsbahnen (siehe eiförmige Gebilde). Zudem ist das Dickenwachstum der Pflanzen von den Kambiumzellen abhängig.

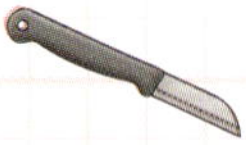

Messer

Töpfchen mit Sand-Erde-Gemisch

An den Vegetationspunkten entspringen die Blätter der Pflanzen.

3 Am Vegetationspunkt schneiden An den Vegetationspunkten (Nodien) sind mehr Kambiumzellen vorhanden als im Gewebe zwischen diesen Punkten (Internodien). Daher sollten Sie den Schnitt bei Stecklingen, Absenkern etc. direkt unterhalb dieses Punktes ansetzen (siehe Seite 32–35, Seite 42–47, Seite 54).

4 Kallusgewebe wird gebildet Nach einer Verletzung beginnen alle an die Wundfläche angrenzenden Zellen, sich vermehrt zu teilen, bis die Wunde überwuchert ist. An einem holzigen Stamm bleibt der Schnitt mit Kallus überwachsen. Bei nicht so stark verholzten Pflanzenteilen werden hier neue Wurzeln gebildet.

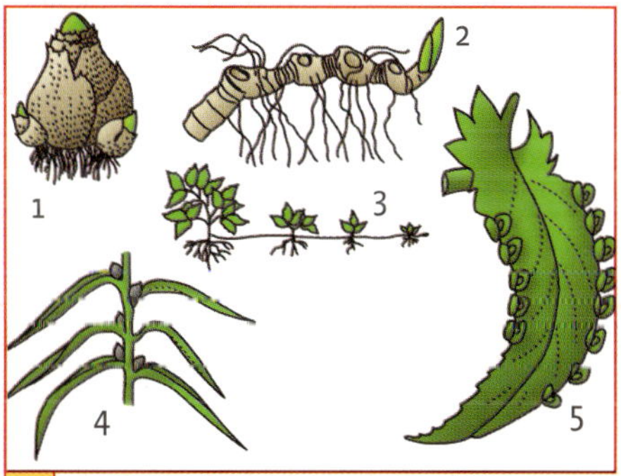

5 Natürliche vegetative Vermehrung Viele Pflanzen vermehren sich von Natur aus vegetativ: (1) Tochterzwiebeln (siehe Seite 36), (2) Rhizome (siehe Seite 40), (3) Ausläufer/Ableger (siehe Seite 48), (4) Brutzwiebeln am Spross (siehe Seite 36) oder (5) Brutpflanzen, die bereits an der Mutterpflanze Wurzeln bilden.

6 Pflanzen teilen Bei der Teilung, besonders der mehrjährigen Stauden, machen wir uns die Fähigkeit der Pflanzen, aus verletztem Gewebe neues zu bilden, zu Nutze (siehe Seite 30 und 52). Beim Teilen von Zimmerpflanzen die Wurzeln vorsichtig auseinander ziehen (vorher auflockern), damit Verletzungen nicht zu groß werden.

Utensilien für drinnen

Im Haus oder in der Wohnung
finden wir gerade für die Vermehrung von Zimmerpflanzen und die Aussaat von Sommerblumen auf der Fensterbank ausgezeichnete Bedingungen vor. In einem warmen, trockenen Keller lassen sich zudem Knollen oder Zwiebeln gut einlagern und antreiben, kalte Kellerräume oder Garagen sind optimal für das Überwintern von Steckhölzern. Bevor Sie das Zubehör einkaufen, hier noch ein paar Tipps: Für Aussaat und Stecklingsvermehrung ist ein „Minigewächshaus" ideal. Keimlinge und frisch geschnittene Stecklinge wachsen in kleinen Behältnissen besser an, bevorzugen Sie daher Torfquelltöpfe, Torftöpfe, Gittertöpfe oder kleine Tontöpfe. Aussaat- oder Anzuchterde und Sand sind keimfrei und daher für fast alle Vermehrungsarten im Haus geeignet.

1 Für die Aussaat auf der Fensterbank (siehe Seite 18) Minigewächshaus oder Anzuchtschale, flache Maurerkelle, evtl. Torfquelltöpfe, Erdesieb, evtl. Heizmatte, Sprühflasche, Gießkanne mit feiner Brause, Aussaaterde und ein Thermometer.

Sonnenblume

Grünlilie

Geranie

2 Zum Pikieren (siehe Seite 20) benötigen Sie Erdesieb, evtl. Minigewächshaus, evtl. Schneidebrett, flache Maurerkelle, Aussaaterde, Sprühflasche, Gießkanne mit Brause, Pikierstab, Multitopfplatte(n) oder kleine Tontöpfe oder Torftöpfe.

3 Stecklinge in Erde ziehen (siehe Seite 44) Durchsichtige Plastiktüte, Haushaltsgummi und fester Draht oder ein Minigewächshaus; kleine Tontöpfe oder Torftöpfe, Kantholz, Pikierstab, Thermometer, Sand-Erde-Gemisch (siehe Seite 14 f.), scharfes Messer, Gießkanne mit Brause und Sprühflasche.

Achten Sie darauf, dass alle Utensilien vor Gebrauch sauber und trocken sind.

4 Stecklinge in Wasser ziehen (siehe Seite 42) Durchsichtige Plastiktüte, Haushaltsgummi, fester Draht; scharfes Messer, Anzuchterde, spitzer Bleistift, Holzkohle (Grillkohle) und schmales Wasserglas.

5 Stammstecklinge ziehen (siehe Seite 46) Wundwachs, Sand, zerkleinerte Grillkohle, Thermometer, Säge, dunkle Folie, Sprühflasche; Heizmatte, Tontöpfchen, Haushaltsgummi oder kleine Anzuchtschale.

6 Exotisches aus Früchten ziehen (siehe Seite 56) Thermometer, Blumentopf, Heizmatte, Einmachglas, Sprühflasche, Minigewächshaus, Anzuchterde, Holzkohle, Messer, Gummi, Folie, Gießkanne mit Brause, evtl. heißes Wasser und Rebschere.

Geräte – Nützliches für draußen

Für die Bodenvorbereitung *sind Spaten/Grabegabel, Krail/Grubber und ein Rechen oder Drahtbesen eine gute Grundausstattung. Für die Aussaat sind eine Pflanzschnur und ein Setzholz ausreichend, und zum Einpflanzen junger Sommerblumen und Stauden lohnt die Anschaffung einer guten Blumenkelle. Für das Teilen von Stauden oder Zwiebelpflanzen und die Vermehrung von Sträuchern benötigen Sie nur einige Spezialwerkzeuge, unter anderem eine so genannte „Gartenhippe“ (siehe Schritte 4–6).*
Entfernen Sie nach Gebrauch die Erdreste von den Gartengeräten (mit dem Spachtel oder mit der Hand).

1 Samen, Knollen und Zwiebeln im Keller aufbewahren, Steckhölzer überwintern Zeitungspapier, Handschuhe, Teesieb, Messer, Thermometer, kleine Kiste aus Holz oder Plastik, Styropor- oder Korkplatte (siehe auch Seite 6 f., 36, 38 und 40).

Gemüse ziehen

2 Aussaat im Freien (siehe Seite 24) Spaten oder Grabegabel, Schaufel, organischer Dünger, Pflanzkelle, Gießkanne, Rillenzieher, Krail, Rechen oder Drahtbesen, Schubkarre, Handschuhe, Pflanzschnur, Särolle, Eimer für kleines Zubehör, evtl. Frühbeetkasten, evtl. Setzholz zum Reihenziehen und Sand.

3 Die Jungpflanzen setzen (siehe Seite 22) Schaufel, Handschuhe, Schubkarre, Pflanzholz oder Blumenkelle, Kompost/Mulch oder Dünger, Rechen oder Drahtbesen, Krail, Gießkanne, evtl. Folienzelt und evtl. Frühbeetkasten.

Stauden teilen

Zwiebelpflanzen vermehren

Bewahren Sie die Geräte in einem trockenen, nicht zu kühlen Raum auf – dann rosten sie nicht.

4 Stauden teilen (siehe Seite 30) Gartenschere, große Gießkanne, Messer, Spaten, Handschuhe, Pflanzkelle, Blumengabel und Grabegabel.

5 Zwiebeln teilen (siehe Seite 36) Grabegabel, Gießkanne, Anzuchtschale aus Plastik oder Hollandkiste, Holzkohle, Blumenerde, Sand oder Kies, Messer, Pflanzkelle und flacher Blumentopf.

6 Steckhölzer, Absenker abnehmen, Abmoosen (siehe Seite 34, 32 und 54) Spaten, Sand, Erde, Torfmoos, großer Blumentopf, Gießkanne, schwarze Folie, Gärtnerhippe, Draht, Schnur, Rebschere, kleine Pfosten oder Kanthölzer, Blumenkelle, Streichholz, Sprühflasche, evtl. Styroporplatte oder Heizmatte, Thermometer.

Gefäße optimal vorbereiten

***Damit Ihnen die Pflanzenvermehrung** erfolgreich gelingt, ist eine sorgsame Vorbereitung von Gefäßen, Werkzeug und Substrat erforderlich. Jeder, der schon einmal Stecklinge gezogen hat, weiß um die Probleme mit Pilzbefall, der leider allzu schnell überhand nehmen kann. Pilze (und auch andere Schaderreger) haben gerade in der Anwachs- oder Keimungsphase von Pflanzen leichtes Spiel, wenn z. B. das Substrat nicht sterilisiert ist, die Ausgangspflanzen oder die Samen nicht in Ordnung waren, die Temperatur im Vermehrungskasten oder Beet nicht optimal für die Bewurzelung ist, Behältnisse oder Werkzeug verschmutzt sind oder wenn die feinen Wurzeln zu wenig Bodenkontakt haben oder das Substrat nicht durchlüftet ist.*

1 Behälter reinigen Entfernen Sie Erd- und Pflanzenreste an den Gefäßen mit einem groben Handfeger oder einem kräftigen Wasserstrahl aus dem Gartenschlauch. Schrubben Sie unter Wasser die Behälter gut ab – bei Kalkrändern Essigwasser verwenden. Die Gefäße stets gut trocknen lassen.

Gärtnerwanne

Hölzchen

Gießkanne

2 Torfquelltöpfe einweichen Für die Aussaat größerer Samen, fürs Pikieren und für die Stecklingsvermehrung sind Torfquelltöpfe optimal. Legen Sie die Plättchen zuvor einige Stunden in eine mit warmem Wasser gefüllte Schale. Wenn die Töpfchen 5 cm hoch aufgequollen sind, das überschüssige Wasser abgießen. Sie müssen stets feucht sein.

3 Erde im Backofen sterilisieren Fürs Pikieren, Steckhölzer ziehen oder die Knollenvermehrung können Sie statt Aussaaterde auch sterilisierte Gartenerde verwenden. Geben Sie feuchte, fein gesiebte Erde in eine alte Backform (nicht höher als 10 cm). „Backen“ Sie die Erde bei 200 °C (Gasherd Stufe 6) 30 Minuten lang (dann abkühlen lassen).

Für alle Handgriffe der Pflanzenanzucht ist eine Gärtnerwanne aus Plastik sehr hilfreich.

4 Erdgemisch ansetzen Zur vegetativen Vermehrung wird oft ein Sand-Erde-Gemisch benötigt. Geben Sie Aussaaterde oder sterilisierte Gartenerde auf einen Pflanztisch, die gleiche Menge Sand daneben. Mit einer Kelle beide Substrate gut durchmischen und das Gemisch griffbereit in eine Ecke des Tisches schieben.

5 Erdgemisch in Töpfe füllen Stellen Sie alle benötigten Töpfe eng nebeneinander auf den Tisch. Füllen Sie mit einer Blumenkelle oder mit der Hand das Erdgemisch bis über den Rand der Töpfe ein. Das Substrat mit einer flachen Maurerkelle etwas festdrücken, die überschüssige Erde mit einem Kantholz abziehen.

6 Aussaatkiste oder Multitopfplatte füllen Hier muss das Substrat etwas verdichtet werden. In die Schale bis über den Rand Erde einfüllen, diese mit den Händen andrücken, überstehende Erde mit einem Kantholz abstreichen. Drücken Sie sie mit der flachen Kelle an, nun wieder Erde einfüllen. Erneut andrücken, abziehen und nochmals andrücken.

7 Schneidewerkzeuge sterilisieren Messer und Scheren werden zunächst mit einem Tuch gereinigt. Dann die Klingen in Brennspiritus tauchen, trocknen lassen und zum Schluss kurz durch eine Kerzenflamme ziehen. Bei Gartenscheren reicht es aus, wenn sie nur mit einem in Alkohol (Brennspiritus) getränkten Tuch gesäubert werden.

Generative Vermehrung

Unter generativer Vermehrung versteht der Gärtner die Aussaat von Samen in kleine flache Schalen oder direkt auf das Beet ins Freiland. Das Angebot in den Garten- oder Hobbymärkten an Pflanzensamen, meist von Sommerblumen, Gartenkräutern oder Gemüse, ist groß und vielseitig. Wenn Sie die entsprechenden Hinweise auf den Samentüten zu Aussaatzeitpunkt, Abstand der Samen zueinander und Art und Weise der Aussaat ins Beet beachten, wird die Anzucht sicherlich gut gelingen.
Ein besonders schönes Hobby ist es, aus selbst gesammelten Samen neue Pflanzen zu ziehen. Hier kann aber eine aufwendigere Vorbehandlung notwendig sein: säubern, trocknen, auf den richtigen Zeitpunkt der Aussaat achten, Samen kühl aufbewahren etc. (siehe Seite 6 f.).

Aussaat auf der Fensterbank

Die beste Zeit für die Aussaat

(siehe auch Seite 6, 10 und 14 f.) im Zimmer ist ein heller, sonniger Tag im Februar/März. Lesen Sie zunächst die Anleitung zu Aussaat und Pflege der Pflanzenart auf der Rückseite der Samentüte durch. Befüllen Sie nun Anzuchtschale oder Gefäße entsprechend der Anleitung von Seite 14. Haben Sie kein Minigewächshaus zur Verfügung, können Sie zur Abdeckung der ausgesäten Samen auch eine Glasscheibe oder Haushaltsfolie benutzen. Wichtig ist hierbei, dass die Bedeckung mit dem Rand der Anzuchtschale dicht abschließt, damit die Feuchtigkeit im Inneren möglichst hoch bleibt. Wählen Sie einen zugfreien, hellen, warmen Platz am Fenster aus – nützlich sind Heizmatten, die Sie unter die Anzuchtschalen legen. Sie sorgen für eine gleichmäßig hohe Bodentemperatur.

1 Erde flach andrücken Für kleine Samen Anzuchtschalen, für mittelgroße Gittertöpfe/Multitopfplatten, für große Samen Torf-, Torfquell- oder kleine Tontöpfe nehmen. Die Erde sollte in den obersten 2–3 cm möglichst fein gesiebt sein, daher kurz vor der Aussaat etwas Erde übersieben und mit einem Brett andrücken.

Sieb

2 Mit Tüte aussäen Bei größeren Samen zuerst deren Keimfähigkeit prüfen (siehe Seite 7). Beginnen Sie links oben und bewegen Sie die Tüte mit leicht schüttelnden Bewegungen in waagrecht verlaufenden Bahnen über die Schale hinweg. Samen gleichmäßig verteilen – ein leichtes Klopfen auf die Tüte hilft dabei.

3 Mit Erde übersieben Dunkelkeimer müssen mit Erde bedeckt sein, um zur Keimung zu kommen (siehe Beschreibung auf der Samentüte). Substrat in ein Sieb geben und gleichmäßig verteilen. Die Erdschicht sollte etwa so hoch sein, wie der Samen dick ist.

Maurerkelle

Anzuchtkasten

Legen Sie stets ein Thermometer neben die Anzuchtschale, um die Keimtemperatur möglichst genau einzuhalten.

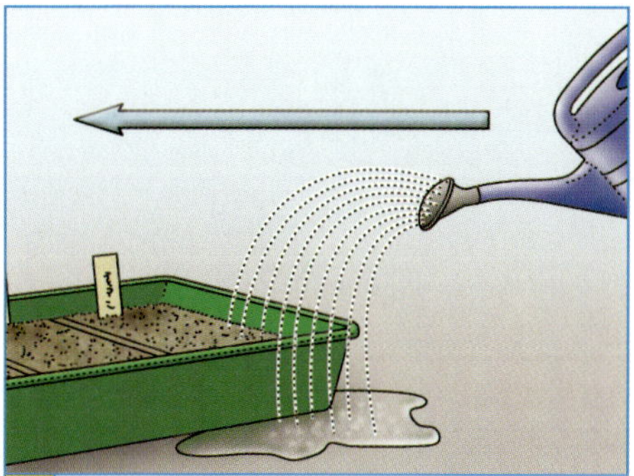

4 Sorgsam angießen Bei kleinen Samen stets eine Gießkanne mit einem möglichst feinen Sprühaufsatz verwenden. Füllen Sie die Gießkanne vollständig, damit sie nicht tropft. Mit dem Gießen neben der Schale beginnen und die Gießkanne in großzügigen Bahnen über die Sämlinge hinwegziehen.

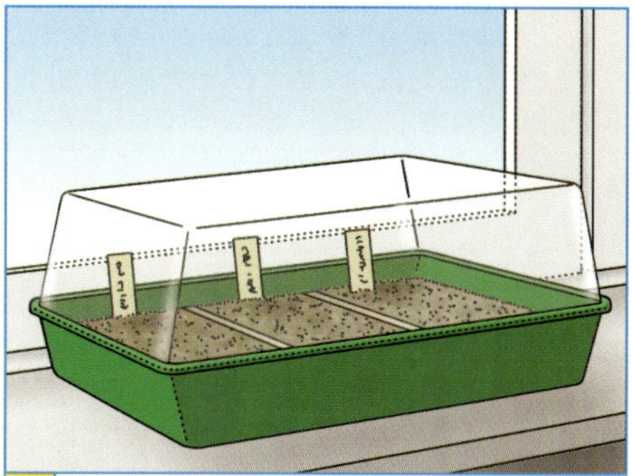

5 Auf der Fensterbank aufstellen Die Anzuchtschale mit dem Deckel, einer Glasscheibe oder mit durchsichtiger Haushaltsfolie (mit einem Gummi fixiert) schließen. Dann an einen warmen, hellen, zugfreien Platz ohne direkte Sonne stellen. Halten Sie die Keimtemperatur ein, die auf der Samentüte angegeben ist.

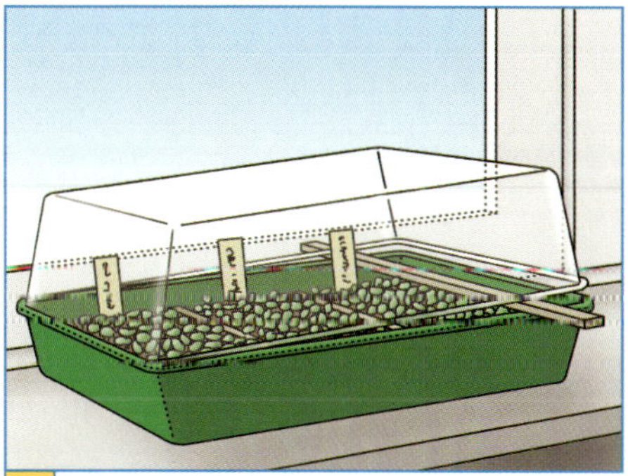

6 Ab und zu lüften Den Kasten geschlossen halten, bis Keimlinge zu sehen sind. Prüfen Sie nur zwischendurch, ob das Substrat noch ausreichend feucht ist – die Erde sodann mit einem Sprüher gut durchfeuchten. Wenn die Keimlinge zu wachsen beginnen, ab und zu lüften.

Pikieren sorgt für kräftige Pflänzchen

Dicht an dicht stehen die jungen Pflanzen *beisammen und wachsen sehr schnell dem Licht entgegen. Nun wird es höchste Zeit zum Vereinzeln in kleine Töpfe, sonst wachsen die Keimlinge in der Konkurrenz um das Licht allzu staksig in die Höhe. Um kräftige, dicht wachsende Einzelpflanzen zu erhalten, ist das Pikieren sehr wichtig. Achten Sie beim Umsetzen der Pflänzchen darauf, dass die Töpfe, Torftöpfe, Multitopfplatten oder Gittertöpfe im Durchmesser nicht größer als 4–5 cm sind. Falls die Keimlinge im Anzuchtkasten bereits mit langem weißen Stängel und dünnen Blättern dem Licht entgegenwachsen, diese beim Pikieren möglichst tief in die Erde setzen, so dass die untersten Blätter die Erdoberfläche fast berühren. Die benötigten Utensilien finden Sie auf der Seite 10.*

1 Substrat lockern Stellen Sie die Schale mit den Keimlingen vor sich auf. Erhöhen Sie die Schale für ein bequemeres Arbeiten z.B. mit einem Kantholz. Oben links beginnen, Pflänzchenbüschel herauszunehmen. Mit der rechten Hand möglichst tief darunter fassen, damit die feinen Wurzeln nicht beschädigt werden.

Gießkanne mit Brause

2 Pflanzen herausnehmen Lockern Sie das Pflanzbüschel durch leichtes Schütteln mit der Hand etwas auf. Ziehen Sie danach das erste Pflänzchen aus dem Verband – dabei am besten direkt unter den Blättern am Wurzelhals anfassen oder die Blättchen wie einen Fächer zusammenlegen und fassen.

3 Ein Loch stechen In eines der bereitgestellten Töpfchen oder in ein Fach der Multitopfplatte mit dem Pikierstab von schräg oben ein ausreichend tiefes und breites Loch vorbohren. Dann das Pikierholz im Pflanzloch ein wenig hin und her drehen, damit die Wurzeln genug Platz haben.

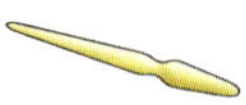

Pikierstab

Anzuchtkasten und Torftöpfe

Lassen sich die Einzelpflanzen nicht locker herausziehen, das Büschel noch einmal aufschütteln.

4 **Pflanze einsetzen** Das Pflänzchen mit den Wurzeln voran in das Pflanzloch legen – dabei die langen Wurzeln mit Hilfe des Pikierstabes etwas umbiegen. Der Wurzelhals sollte mit der Erdoberfläche auf gleicher Höhe sein. Mit dem Stab Pflanzloch schließen und das Pflänzchen mit dem Pikierstab gut andrücken.

5 **Vorsichtig angießen** Pikieren Sie nur so viele Pflanzen, wie Sie später benötigen. Nach dem Pikieren gießen Sie die Pflanzen wie auf Seite 19 (Schritt 4) beschrieben an – überflüssiges Wasser ablaufen lassen. Führen Sie also das Angießen besser auf der Terrasse durch.

6 **In größere Schale stellen** Töpfchen mit den Jungpflanzen in einer flachen Plastikschale zusammen stellen. Das nahe, aber nicht zu dichte Beieinanderstehen fördert das Wachstum. Stellen Sie sie an einen nicht zu sonnigen, aber hellen, warmen, zugfreien Platz. Das Substrat sollte immer etwas feucht, aber nicht nass sein.

Jungpflanzen ins Freie setzen

Sobald nachts keine Fröste
mehr zu erwarten sind, können Sie mit dem Auspflanzen der vorgezogenen oder gekauften Jungpflanzen ins Beet oder in die Balkonkästen beginnen. Günstig ist hierfür ein Tag mit bedecktem Wetter, besser mit etwas Regen. Zum Abhärten ist es sinnvoll, die noch in ihren Töpfen stehenden Pflanzen für einige Tage an einem vor Wind, Regen und Sonne geschützten Platz aufzustellen. Gießen Sie die Pflanzen einige Stunden vor dem Umsetzen kräftig an (überschüssiges Wasser ablaufen lassen). Sollten Sie Balkon- oder Kübelpflanzen gezogen haben, ist es sinnvoll, die jungen Pflanzen nach dem Einsetzen zurückzuschneiden, das fördert einen buschigeren Wuchs. Die meisten Pflanzen brauchen viel Sonne und einen windgeschützten Platz, um gut anzuwachsen.

1 Pflanzbeet vorbereiten Ist der Boden lehmig, das Beet im Herbst vor der Pflanzung umgraben. Lockern Sie den Boden in jedem Fall mit einem Grubber oder einem Krail auf. Danach Komposterde, organischen Dünger oder – bei Gemüse empfehlenswert – Stallmist einarbeiten, zuletzt mit dem Rechen ebnen.

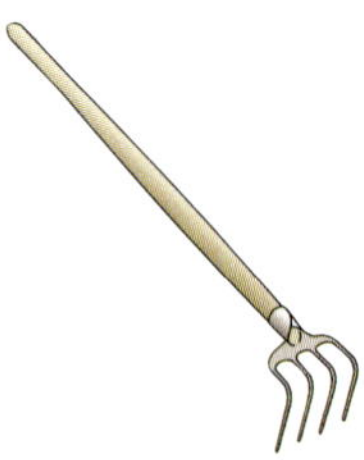

Krail

2 Geeignete Pflanzen auswählen Ziehen Sie eine Pflanze aus dem Topf; dabei unter den Blättern am Wurzelhals fassen. Wenn der Wurzelballen gut durchwurzelt ist, die Wurzeln weiß gefärbt und die Blätter kompakt gewachsen und kräftig grün sind, dann können Sie mit dem Auspflanzen beginnen.

3 Pflanzen auf Beet gruppieren Ordnen Sie die Pflanzen, je nach späterer Größe, in einem Abstand von 15–20 cm an. Sie sollten möglichst „auf Lücke" zueinander stehen – vier Pflanzen bilden dabei die Ecken einer Raute. Auch nach Farbe und Endgröße gruppieren – höhere sollten immer hinter den nächstkleineren stehen.

Pflanzkelle

Dünger

Bedenken Sie beim Auspflanzen die Endgröße der Pflanzen – sie sollten später nicht zu eng stehen.

4 Pflanzloch vorbereiten Beginnen Sie mit der Pflanzreihe, die am weitesten entfernt liegt. Formen Sie mit einer Blumenkelle ein der Pflanze entsprechend großes Pflanzloch – ihr Wurzelballen sollte vollständig im Erdreich liegen und genug Platz haben.

5 Die Pflanze einsetzen Drücken Sie den Wurzelballen mit leichtem Druck in das Pflanzloch, damit die Wurzeln Bodenkontakt bekommen. Der Wurzelhals sollte auf Höhe der Beetoberfläche sein. Schließen Sie das Pflanzloch mit der ausgegrabenen Erde von Hand (Handschuhe tragen) oder mit der Blumenkelle.

6 Andrücken und angießen Um das Pflanzloch herum darf kein Hügel entstehen – die Pflanze säße zu hoch im Boden. Hier sollte aber auch keine Bodendelle sein – die Pflanze säße zu tief. Schließt der Wurzelhals eben mit dem Beet ab, stimmt die Pflanztiefe. Die Pflanze jetzt mit beiden Händen fest andrücken, gut angießen.

7 Beet mit blühenden Sommerblumen Bei warmem Wetter, ausreichend Regen und Sonne können Sie sich bald über Ihr blühendes Sommerbeet im Garten freuen. In Regionen mit ärmeren (Sand-)Böden und relativ wenig Niederschlag sind ausreichendes Gießen der Jungpflanzen und Nachdüngen mit Flüssigdünger (für Blütenpflanzen) wichtig.

Reihensaat direkt ins Beet

Viele Gemüse- und Kräutersorten *sowie robuste Sommerblumen keimen ohne weiteres im Freien. Ein gut durchlüfteter, krümeliger Boden mit einem Reservoir an Nährstoffen und Wasser ist für die Aussaat ideal. Deshalb ist ein Lockern des Bodens und das Einarbeiten von Komposterde oder organischem Langzeitdünger sehr wichtig. Um das Herauswachsen der keimenden Pflanzen aus dem Boden zu erleichtern, vor der Aussaat grobe Erdpartikel mit dem Drahtbesen abziehen. Nützlich für den Transport und für die Aufbewahrung des Zubehörs sind Schubkarre und stabiler Eimer. Wie beim Auspflanzen pikierter Sämlinge ist ein feucht-warmer, bedeckter Tag ideal. An sehr sonnigen Tagen besteht die Gefahr, dass der Boden oberflächlich stark austrocknet, was die Keimung verhindern kann.*

1 Beet vorbereiten Den Boden etwa 10–15 cm tief mit Grabegabel oder Krail gut lockern. Harte Böden vorher durchwässern und während des ganzen Jahres mulchen. Nach dem Lockern organischen Dünger einarbeiten, das Beet eben ziehen, mit einem Drahtbesen gröbere Erdstücke oder Steinchen abziehen.

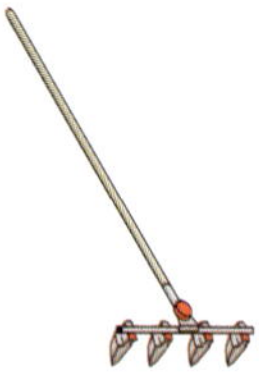

Rillenzieher

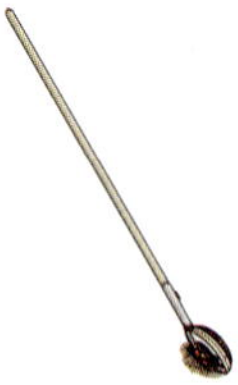

Sähroller

Drahtbesen

2 Saatrillen ziehen Teilen Sie größere Flächen so ein, dass Beete 120 cm und Wege 30 cm breit sind. Dafür die Flächen auf den Längsseiten mit einer Pflanzschnur markieren, die späteren Wege mit den Füßen festtreten. Parallel zum Weg mit dem Rillenzieher oder mit Hilfe der Pflanzschnur (siehe Seite 26) die Saatrinnen ziehen.

3 Feines Saatgut mit Sand aufbringen Prüfen Sie bei größeren Samen vor dem Ausbringen die Keimfähigkeit (siehe Seite 7). Feinere Samen lassen sich leichter und gleichmäßiger verteilen, wenn sie vorher mit Sand vermischt werden.

Stehen die Pflanzen nach der Keimung zu dicht, ist Umsetzen in weiterem Abstand sinnvoll.

4 Größere Samen auslegen Die Samen in gleichmäßigen Abständen laut Packungsanweisung auslegen. Brett oder Knieschoner erleichtern die Arbeit. Mit der Reihe, die in der Mitte des Beetes liegt, beginnen. Stets von zwei Seiten arbeiten, dann müssen Sie sich nicht so weit über das Beet strecken.

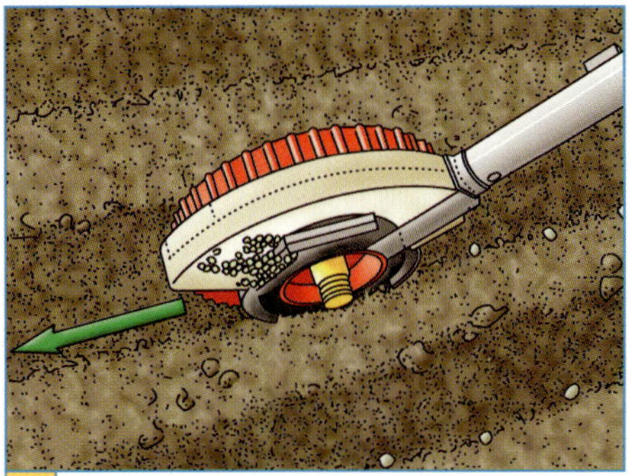

5 Pillierte Samen mit Särolle ausbringen Zum Aussäen runder oder pillierter Samen sind Säroller praktisch. Damit spart man sich das Bücken bei der Aussaat und die Samenkörner haben immer den richtigen Abstand zueinander. Säen Sie jedes Jahr auf mehreren Beeten Pflanzen aus, lohnt sich die Anschaffung.

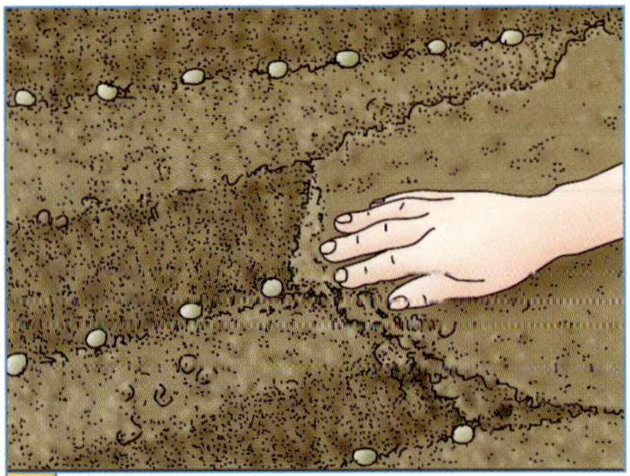

6 Erde über Saatrille schieben Sind alle Saatrillen des Beetes mit Samenkörnern bestückt, schieben Sie mit der Hand oder mit der Rückenseite eines Rechens die Erde über die Saatkörner und drücken die Erde mit der Rechenrückseite leicht an.

7 Kräftig angießen Sind alle Särinnen geschlossen, die Erde gut durchfeuchten. Dazu reichlich in großzügigen Bahnen über das Beet gießen – ohne den Boden zu schlämmen (Gießbrause benutzen). Das Wasser einziehen lassen und den Gießvorgang wiederholen. In den Tagen bis zur Keimung darf die Erde nicht austrocknen.

Horst-/Dibbelsaat für Bohnen und Co.

***Die Dibbel- oder Horstsaat**, die vor allem bei Bohnen (siehe Foto) oder Mais angewendet wird, besitzt zwei Vorteile: Die Sämlinge müssen nicht noch einmal auseinander gesetzt werden, wie das bei der Reihensaat schon nötig sein kann, und man braucht nur relativ geringe Mengen an Saatgut. Diese Aussaatform wird vor allem bei Pflanzenarten angewendet, die viel Platz zum Wachsen brauchen, die aber für sich allein nicht standfest genug sind. Führen Sie die Aussaat möglichst an einem feucht-warmen Tag durch, es sollte auch keine Nachtfrostgefahr mehr bestehen, denn die Samen faulen relativ schnell. Da viele der Pflanzen, die in Dibbelsaat ausgelegt werden, raschwüchsig sind, sollte der Boden möglichst nährstoffreich und gut durchlüftet sein.*

1 Beet vorbereiten Beete mit schweren Böden im Herbst umgraben, in jedem Fall während des Jahres ein- bis zweimal Komposterde einarbeiten und öfter mulchen. Vor der Aussaat den Boden gut lockern und organischen Dünger, besser frische Komposterde, einarbeiten.

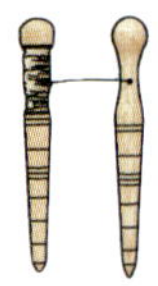

Pflanzschnur

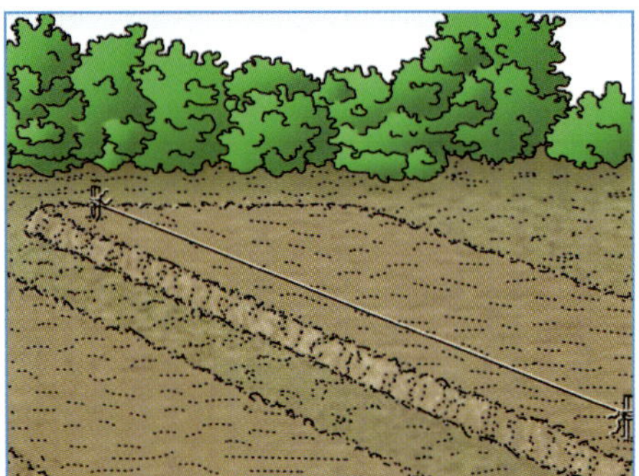

2 Saatreihen markieren Nach dem Anlegen der Beete und Wege (siehe Seite 24) die notwendigen Säabstände mit einem Meterstab am oberen und unteren Ende des Beetes ausmessen und markieren. Erst den leeren Schnurpflock stecken, die Schnur entlang des Weges aufrollen, am oberen Ende des Beetes feststecken und gut spannen.

3 Pflanzkuhlen ausheben Entlang der Schnur die Pflanzkuhlen ausheben (siehe auch „Stauden einsetzen" auf Seite 30). Dabei die Saatabstände der Packungsanweisung einhalten. Wenn der Boden sandig oder sehr lehmig ist, die Pflanzkuhlen größer machen und Komposterde zugeben.

Pflanzkelle

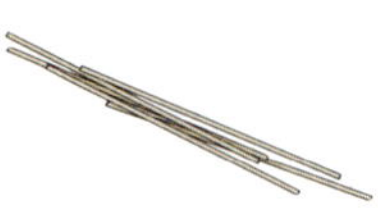

Holzstäbe

Viele Gemüsearten lieben einen sonnigen und windgeschützten Platz.

4 Samen in Kuhle legen Die Samen gemäß Anweisung zu 3–5 Stück (oder mehr) in die Pflanzkuhlen legen. Vorher noch einmal darauf achten, dass die Samen gesund und prall aussehen – sind die Samen schrumpelig oder an manchen Stellen braun, sind sie wahrscheinlich nicht keimfähig.

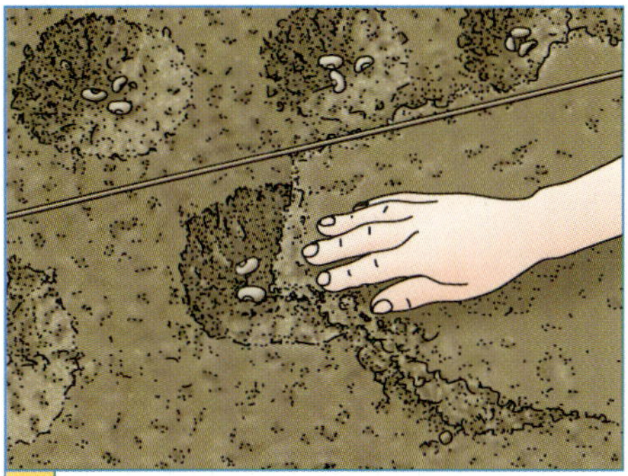

5 Pflanzloch zuschieben Die Löcher mit der zuvor herausgehobenen Erde zuschieben, mit der flachen Hand andrücken. Darauf achten, dass die Pflanztiefe etwa so hoch ist, wie der Samen dick ist. Dann gut angießen (siehe Seite 25) und für die Keimung den Boden warm und feucht (aber nicht nass) halten.

6 Rankhilfen setzen Wenn die Pflanzen 20 cm hoch sind, brauchen sie eine Rankhilfe. Geeignet sind lange schmale Kanthölzer oder schmale Pfosten, die man auch gegeneinander lehnen und miteinander verbinden kann (Querstange benutzen). Man kann die Pfosten auch ohne weiteres schon bei der Aussaat einsetzen.

Vegetative Vermehrung

Die vielen Spielarten der vegetativen Vermehrung auszuprobieren, macht großen Spaß, aber sie gelingt nicht immer: Frisch geschnittene, junge Triebstücke von weicheren Pflanzenteilen werden allzu leicht von der Stängelfäule (Botrytis) befallen und die Bewurzelung von verholzten Trieben ist manchmal nicht so einfach.
Gärtnerische Fachbetriebe verwenden deshalb ein spezielles Bewurzelungsmittel in Pulver- oder Gelform, in das die geschnittenen Pflanzenteile kurz eingetaucht werden. Um Pilzkrankheiten vorzubeugen, gibt es Fungizid-Präparate, mit denen die Schnittstellen bepudert werden. Versuchen Sie, wenn Sie diese „Helfershelfer" im Gartenfachmarkt nicht bekommen können, die Anwachsbedingungen so gut wie möglich einzuhalten. Statt eines Fungizid-Pulvers können Sie auch fein geriebene Grillkohle verwenden.

Staudenteilung einfach und sicher

Die einfachste und sicherste Form der vegetativen Vermehrung *ist die Teilung von Pflanzen. Das wird meist bei mehrjährigen Stauden mit dichter Wuchsform und bei nicht verholzenden Bodendeckern gemacht. Die beste Zeit dafür ist der Vorfrühling oder der Herbst, wenn die Pflanzen nicht in der Wachstumszeit sind bzw. nicht mehr blühen. Für eine gute Bewurzelung ist es wichtig, dass die Teilstücke immer mehr Wurzeln als Triebe haben. Die Teilung ist auch eine gute Möglichkeit, die alten, oft verfilzten Mutterpflanzen wieder zu verjüngen. Nutzen Sie die Gelegenheit, abgestorbene oder faule Spross- und Wurzelteile abzuschneiden. Lockern Sie vor dem Einpflanzen den Boden gut durch und arbeiten Sie Komposterde oder Mulch ein.*

1 Staude ausheben Bei feingliedrigeren Stauden mit einer Pflanzschaufel oder einer Blumengabel direkt neben dem Wurzelballen einstechen und ihn herausheben. Funktioniert das nicht gleich beim ersten Mal, an anderer Stelle erneut einstechen, notfalls einmal ganz um den Ballen herum.

Grabegabel

Handschuhe

Spaten

2 Wurzelwerk auseinander ziehen Drücken Sie den fest verwobenen Wurzelballen ein paarmal von verschiedenen Seiten. Dann die Wurzeln mit den Fingern auflockern. Sobald sich das Wurzelwerk gelockert hat, mit je einer Hand an Wurzelstock und Wurzelhals fassen und den Pflanzstock vorsichtig auseinander ziehen.

3 Graspolsterstaude ausheben Deren Wurzeln oder die alter, sehr großer Stauden sind oft fest im Erdreich verankert. Gehen Sie beim Herausheben so vor wie in Schritt 1 – nehmen Sie aber diesmal Grabegabel oder Spaten zu Hilfe. Stechen Sie nicht waagrecht in die Erde, sondern setzen Sie den Spaten immer etwas schräg an.

Tragen Sie beim Teilen von Stauden besser schützende Gartenhandschuhe.

4 Graspolster teilen Den Pflanzstock herausnehmen. Dickere Wurzelstränge mit dem Spaten, dünnere mit der Gartenschere durchtrennen. Die Staude auf eine ebene Fläche legen und mit dem Spaten in gewünschter Größe abstechen.

5 Wurzeln vor dem Setzen auflockern Ist die Pflanze geteilt, lockert man das Wurzelwerk der Teilstücke auf. Festsitzende Erde so gut wie möglich entfernen, ohne die feinen Wurzeln zu verletzen. Entfernen Sie braune oder verwelkte Blätter und Blüten. Braune Wurzeln ebenfalls abschneiden.

6 Pflanzloch vorbereiten Da das Wurzelwerk von Stauden sehr kompakt sein kann, sollten Sie einen guten Spaten verwenden, um ein ausreichend weites und tiefes Pflanzloch auszuheben (siehe auch Seite 23). Setzen Sie den Pflanzstock einige Male zur Probe hinein – bis Wurzelstock und darunter etwas frische Komposterde Platz finden.

7 Pflanzen einsetzen und angießen Wenn der Wurzelhals auf gleicher Höhe wie die Beetoberfläche liegt, um den Pflanzstock herum die Aushuberde einfüllen und zwischendurch mit den Händen oder dem Fuß die Erde rundherum festdrücken. Wässern Sie dann so lange, bis der Boden schlämmt (siehe Seite 23).

Absenker von Sträuchern nehmen

__Absenker von blühenden Sträuchern__ wie Magnolie, Forsythie, Hortensie, Liguster, Rhododendron oder Schneeball zu nehmen, lohnt ein Experiment! Besorgen Sie sich, wenn möglich, ein Bewurzelungsmittel in der nahe gelegenen Gärtnerei, dann klappt die Bewurzelung der verholzten Triebe besser. Der beste Zeitpunkt für Absenker ist bei den immergrünen Gehölzen wie Rhododendron der Februar/März, bei den laubabwerfenden Gehölzen ist es der Herbst. Für die Vermehrung von Sträuchern brauchen Sie etwas Geduld – etwa 1–2 Jahre dauert die Anzucht im Allgemeinen. Rankende Gehölze wie Clematis, Lonicera, Himbeere oder Glyzine werden übrigens einfach nur durch wellenförmiges Auslegen auf dem Boden und Feststecken der Nodien bewurzelt (siehe „Ableger" auf Seite 48).

1 Geeigneten Zweig auswählen Am besten nimmt man gesunde, kräftige, lange, biegsame, diesjährige oder letztjährige Triebe, die möglichst nahe am Boden wachsen und noch grün gefärbt sind (wie links im Bild zu sehen).

Hippe

U-Draht

Pfosten

2 Zweig einschneiden Vom ausgewählten Trieb werden alle unteren Blätter bis auf ein Büschel am Sprossende entfernt. Etwa 30 cm unter der Sprossspitze wird ein flacher Schnitt gesetzt, der etwa 3–5 cm lang sein sollte. Die Wunde mit Bewurzelungsmittel bepudern. Die abgeschnittene „Zunge" mit einem Streichholz fixieren.

3 Zweig mit U-Draht befestigen Zweig zur Probe vorsichtig auf den Boden biegen. Eine Pflanzkuhle ausheben, den Boden 5–10 cm mit Anzuchterde bedecken. Den Zweig so biegen, dass die Schnittstelle 8–15 cm tief in der Mitte des Lochs liegt. An der Biegestelle den Zweig mit U-Draht in der Erde verankern, ohne ihn umzuknicken.

Die Schnur locker in Form einer Acht um Pfosten und Spross legen.

4 Spross an Pfosten befestigen An geeigneter Stelle einen schmalen Pflock setzen und die Sprossspitze mit einer Schnur oder Blumendraht befestigen. Dann um den Absenker herum Boden einfüllen, dabei die Erde mit Anzuchterde mischen. Das Pflanzloch zuschieben, die Erde leicht andrücken und gut wässern.

5 Bewurzelten Absenker abtrennen In der wärmeren, frostfreien Zeit den Boden feucht halten. Bei Immergrünen haben sich meist im folgenden Frühjahr, bei Laubabwerfenden im folgenden Herbst Wurzeln gebildet. Dann den Spross mit Spaten oder Schere von der Mutterpflanze trennen und ausgraben.

6 Wurzeln und Äste einkürzen Bei Sträuchern ist es immer sinnvoll, vor dem Einsetzen einen Rückschnitt durchzuführen. Schneiden Sie bei den Laub abwerfenden Gehölzen Wurzeln und Triebe so, dass alle Teile gleich lang sind. Bei immergrünen Sträuchern nur die Wurzeln kürzen.

7 Pflanze einsetzen und angießen An geeigneter Stelle ein Pflanzloch etwa doppelt so tief und breit wie der Wurzelstock ausheben. Etwas Komposterde einfüllen, den Stock einsetzen, die richtige Höhe kontrollieren (siehe Seite 23), mit dem Aushub (vermischt mit Komposterde) auffüllen, fest andrücken und gut wässern.

Steckhölzer fachgerecht schneiden

Bei Sträuchern und Gehölzen
ist es spannend, die Vermehrung mit Steckhölzern auszuprobieren. Dafür braucht man eigentlich nur einen großen Blumentopf, eine gute Gartenschere und frische Anzucht- oder Aussaaterde und, ebenso wie bei den Absenkern, etwas Geduld. Über Steckhölzer lassen sich so beliebte Gehölze wie Sommerflieder (siehe Foto), Forsythie, Spindelstrauch, Hortensie, Liguster, Holunder, Schneeball, Zierkirsche, Weide oder Wisteria vermehren, der Einsatz von Bewurzelungsmittel ist zwar nützlich, aber nicht unbedingt notwendig. Steckhölzer nehmen Sie am günstigsten von November bis Januar ab. Den Topf mit den Steckhölzern in einem kühlen Raum aufstellen; auch das Einsenken des Topfes an einen schattigen Platz im Garten fördert die Bewurzelung.

1 Geeignete Triebe abnehmen
Für die Steckholzvermehrung eignen sich Zweige, die in diesem oder im Vorjahr gewachsen sind. Die Zweige sollten gerade und nicht mehr grün sein sowie mehrere gesunde Knospen haben. Ältere, dürre und auch beschädigte Triebe sind nicht geeignet.

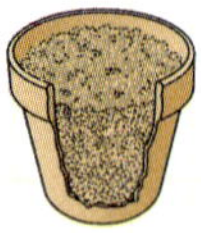

Blumentopf

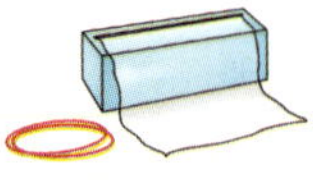

Folie

Steckholzbündel

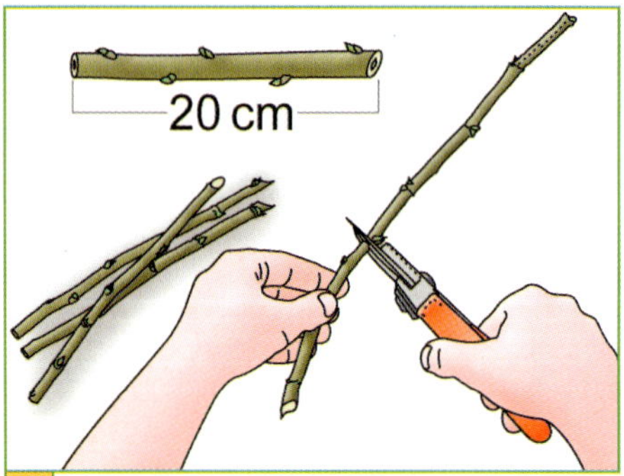

2 Zweige in kurze Stücke schneiden
Wählen Sie die brauchbaren Zweigstücke mit Sorgfalt aus. Dann können Sie die Zweige zurechtschneiden. Die weichere obere Sprossspitze wird entfernt, die Blätter ebenfalls. Dann den Zweig in 20 cm lange Stücke schneiden, und zwar jeweils etwa 1 cm unterhalb einer Knospe.

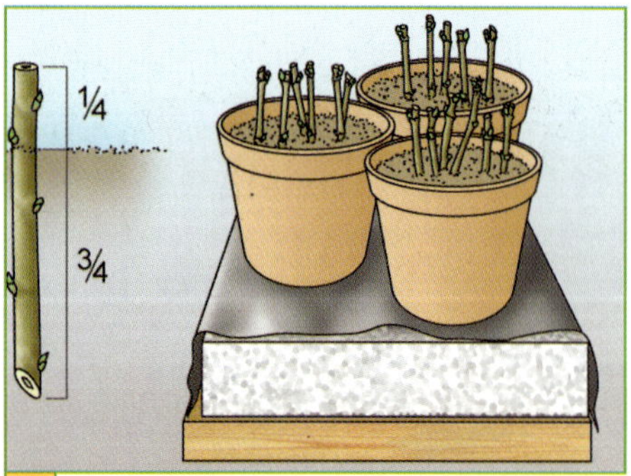

3 Steckhölzer in Topf stecken
Machen Sie über der oberen Knospe – Knospen zeigen dabei nach oben – einen geraden Schnitt, unter der unteren Knospe einen schrägen Schnitt. Mit der schrägen Schnittseite nach unten die Zweige in den mit feuchtem Erde-Sand-Gemisch (siehe Seite 15) gefüllten Topf stecken – Dreiviertel des Zweiges steckt dabei im Boden.

Wenn Sie viele Steckhölzer machen, lohnt es sich, die Zweige als kleine Bündel zu stecken.

4 Mit Folie überziehen Gut angießen und eine Plastiktüte überstülpen, die am Topf mit einer Schnur verschlossen wird. Einige kleine Löcher in die Folie stechen. Die Töpfe auf eine mit Folie überzogene Styroporplatte (siehe Schritt 3) stellen. Substrat nicht austrocknen lassen.

5 Stecklinge vereinzeln Die Stecklinge haben Wurzeln gebildet, sobald sie im Frühjahr wieder austreiben. Für das Auspflanzen ins Freie sind sie noch zu klein. Die bewurzelten Hölzer einzeln in Töpfe setzen und an geschütztem, nicht zu sonnigen Platz im Garten bis zum nächsten Frühjahr aufstellen.

6 An endgültigen Platz setzen Treibt die getopfte Jungpflanze im Frühjahr kräftig durch, kann man sie an den endgültigen Platz in den Garten bringen oder guten Freunden schenken. Wächst sie noch nicht so kräftig, kann das Auspflanzen (siehe Seite 33, Schritt 6 und 7) auch bis zum Herbst warten.

Zwiebeln und Knollen vermehren

Viele unserer bunten Frühjahrsblüher *sind Pflanzen mit Zwiebeln oder Knollen. Sie bilden oftmals nach der Blüte von sich aus bereits Tochterzwiebeln aus, die wir einfach abtrennen und für die Vermehrung verwenden können. Die neuen Pflanzen blühen nach etwa 2–3 Jahren.*
Bei den Vermehrungsarbeiten mit den nährstoffreichen, mit Wasser gesättigten Pflanzenteilen ist Hygiene oberstes Gebot, bestäuben Sie auch die – möglichst kleinflächigen – Schnitt- oder Bruchstellen mit einem Fungizid-Pulver oder fein geriebener Grillkohle.
Setzen Sie junge Brutzwiebeln oder -knollen in einen Frühbeetkasten, im Freiland ist Mäusefraß fast nicht zu vermeiden. Damit die Zwiebeln nicht faulen, ist zudem gut durchlüftetes Anzuchtsubstrat wichtig.

1 Zwiebeln und Knollen ausgraben Für die Zwiebelvermehrung sollten Sie die Ruhezeit der Pflanzen nutzen. Nehmen Sie mit Hilfe von Pflanzkelle oder Blumengabel den Wurzelstock mit den Zwiebeln, kurz nachdem das Blattwerk abgestorben ist, aus dem Boden.

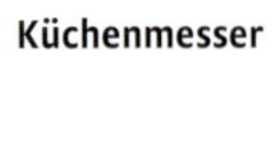

Küchenmesser

Töpfchen mit Kies-Erde-Gemisch

Holzkohlepuder

2 Tochterzwiebeln abnehmen Zur Anzucht sind schwarz oder grau verfärbte Zwiebeln oder solche mit eingedellter Haut nicht geeignet. Trennen Sie von gesunden Zwiebeln der Amaryllis, Schachbrettblume, Schwertlilie, Traubenhyazinthe und Narzisse (siehe Bild und Foto) die Tochterzwiebeln ab – sie sollten möglichst viele Wurzeln haben.

3 Hülle entfernen, Bruchstelle desinfizieren Entfernen Sie die losen äußeren Hüllen, bis die glatte „Unterhaut" zu sehen ist. Stäuben Sie die offene Bruchstelle mit Holzkohlepuder ein. Die Tochterzwiebeln sogleich so tief eintopfen, wie es dem doppelten Durchmesser der Zwiebeln entspricht (siehe Schritt 6).

Bei Lilien sitzen die Brutzwiebeln an den Blattachseln (siehe Seite 9).

4 Brutknollen bei Gladiolen abnehmen Gladiolen und Lilien bilden Brutknollen aus. Gladiolen ausgraben und vorsichtig die kleinen Brutknollen von der Hauptknolle abtrennen. Diese in einem kühlen, dunklen Raum überwintern und im Frühjahr in die Erde setzen.

5 Tochterzwiebeln „erzeugen" Dies ermöglichen bei Hyazinthe und Tulpe zwei sich kreuzende Schnitte in den Zwiebelboden. Diese 5 mm keilförmig aushöhlen, mit Holzkohlepuder bestäuben. Flach in einen mit Sand gefüllten Topf setzen (Schnittseite nach oben), warm, dunkel und trocken stellen. Ab und zu befeuchten.

6 Knollen und Zwiebeln antreiben Aussaatkiste halb mit einem Gemisch aus Komposterde und Kies (1 : 1) füllen, Erde anfeuchten; Brutzwiebeln oder -knollen im Abstand von 2 cm mit der spitzen Seite nach oben auflegen, leicht andrücken, 1 cm mit Erde bedecken, angießen; an einen warmen, hellen Ort stellen.

Knollenteilung bei Dahlien und Co.

Knollen sind kompakter gebaut *und enthalten weniger Wasser als die aus mehreren Schichten aufgebauten Zwiebeln. Dadurch sind sie nicht so anfällig für Pilzbefall und die Bewurzelung der Knollenteilstöcke ist etwas einfacher. Trotzdem ist ein Einpudern der geschnittenen Flächen mit zerriebener Holzkohle oder einem Fungizid immer zu empfehlen. Neben Dahlien (siehe Foto) können Sie auch Pfingstrosen, Alpenveilchen, Begonien oder Gloxinien über eine Knollenteilung vermehren.*
Knollen teilt man nicht in der Ruhezeit der Pflanze, sondern erst dann, wenn der erste Austrieb (Knospen) zu sehen ist. Daher zunächst warten, bis der oberirdische Spross verwelkt ist, dann die Knollen ausgraben, trocken und kühl überwintern und im frühen Frühjahr die Teilung vornehmen.

1 Knollen ausgraben, Zweige zurückschneiden Wenn Blüten und Laub der Dahlien verwelkt sind, kann man den Wurzelstock mit Hilfe einer Grabegabel (siehe Seite 30, Schritt 3) samt den Knollen ausgraben. Zunächst nur die Sprossteile auf etwa 4–5 cm zurückschneiden und nicht die Erde am Wurzelstock entfernen.

Zeitungspapier

scharfes Messer

Plastik- oder Holzkiste

2 Die Erde entfernen Legen Sie den Pflanzenstock für einige Tage in eine größere Kiste, die mit Zeitungspapier ausgeschlagen ist, an einen trockenen Ort im Garten. Ist die Erde, die zwischen und an den Knollen verblieben ist, vollständig trocken, können Sie sie ganz leicht von den Knollen abstreifen.

3 Kühl und trocken überwintern Die von Erde befreiten Knollenstöcke der Dahlien lässt man während der Wintermonate ruhen. Sie werden zunächst in einer mit Zeitungspapier ausgelegten Kiste ausgebreitet. Lagern Sie die Knollen in einem trockenen, sehr kühlen (um 0 °C) Raum (Keller, Gewächshaus, Schuppen).

Knollen dürfen nicht in einem warmen Raum überwintert werden.

4 Knollen teilen Im Winter prüfen, ob sich Faulstellen gebildet haben. Diese mit einem sterilisierten, scharfen Messer (siehe Seite 15) entfernen. Sobald im Frühjahr die ersten Knospen zu sehen sind, den Knollenstock teilen. Schneiden oder brechen Sie jeweils eine (oder mehrere) Knollen ab, die mindestens eine Knospe tragen.

5 Knollen in Kisten vortreiben Die Knollenstücke im feuchten Sand-Erde-Gemisch (siehe Seite 14, Schritt 3 und 4) weiterwachsen lassen. Dazu eine Holzkiste mit Folie ausschlagen und zur Hälfte mit dem Substrat füllen. Mit der Sprossknospe nach oben auflegen, Knollen zur Hälfte bedecken, bei 10 °C aufstellen.

6 Jungpflanzen einsetzen Sobald keine Fröste mehr zu erwarten sind, können die Pflanzen ins Freie. Das Beet gut auflockern, Komposterde und Dünger einarbeiten (siehe Seite 22, Schritt 1). Die Kuhle so graben, dass die Knollen genug Platz haben; mit Komposterde auffüllen, Erde andrücken und gut wässern.

Rhizome teilen und einpflanzen

Pflanzen, die in unmittelbarer Nähe *von Gewässern wachsen, breiten sich häufig über Wurzelausläufer oder Rhizome aus. Die Geschwindigkeit, mit der sich Schilfgürtel an Seeufern ausbilden können, sind ein eindrucksvolles Beispiel dieser natürlichen vegetativen Vermehrungsform. Einige Zierpflanzen, wie Schwertlilie (siehe Foto), Blumenrohr, Maiglöckchen oder Zimmerkalla bilden Rhizome aus, die wir auch ohne weiteres teilen können. Wichtig ist es, nur junge Rhizomteile für die Vermehrung zu verwenden, denn die älteren haben nicht mehr genug Kraft, um ganz neue Pflanzen hervorzubringen. Da Rhizome meist nur ganz flach unter der Erdoberfläche wachsen, ist es für das Anwachsen von großer Bedeutung, sie nicht allzu tief in den Boden zu setzen.*

1 Rhizome ausgraben Die Rhizomteilung während der warmen Jahreszeit, kurz nach der Blüte vornehmen. Da sie flach unter der Erdoberfläche wurzeln, ist die Gefahr, dass die Rhizomteile im Herbst und Winter erfrieren, zu groß. Die Pflanze mit der Grabegabel oder mit einer Pflanzkelle ausgraben (siehe Seite 30, Schritt 3).

Rebschere

Pflanzschaufel

Handschuhe

2 Rhizomstücke abtrennen Entfernen Sie durch kräftiges Schütteln die Erde vom Wurzelstock. Schneiden Sie mit einem scharfen, sauberen Messer die äußeren, jungen Rhizome ab (Länge 10–15 cm). Jedes Rhizomstück sollte ausreichend Wurzeln und mindestens einen Blattfächer haben.

3 Blätter einkürzen Sind die Rhizomstücke geschnitten, kürzen Sie Wurzeln und Blätter ein, um das Anwachsen zu fördern: Wurzeln bis auf ein Drittel, den Blattfächer auf 10–15 cm. Achten Sie darauf, dass an den feuchten Wurzelschnittflächen keine Erdpartikel anhaften; bestäuben Sie sie mit Holzkohlepuder.

Ältere Rhizomstücke nicht zur Weitervermehrung nutzen, sondern wegwerfen.

4 Setzrinne graben Lockern Sie das Pflanzbeet mit der Grabegabel oder einem Krail bis in etwa 15 cm Tiefe gut auf, mischen Sie bei schweren Böden Sand und Komposterde unter. Graben Sie dann mit der Pflanzschaufel eine 10–15 cm tiefe Setzrinne, die wie ein breites „V" geformt ist.

5 Wurzeln ausbreiten, Rhizome legen Legen Sie die Rhizome flach in die Setzrinne und breiten Sie die Wurzeln auf der Erde aus. Füllen Sie die Setzrinne wieder mit Erde auf – und zwar so, dass das Rhizom zu zwei Dritteln mit Erde bedeckt ist. Das obere Drittel des Rhizomstückes und die Blätter liegen frei.

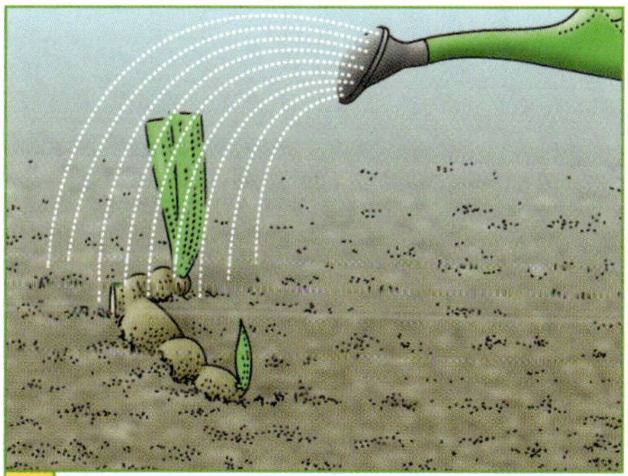

6 Einsetzen und angießen Das Rhizom von beiden Seiten gut andrücken – es sollte bei windigem Wetter nicht kippen. Wässern Sie nun, ohne den Boden zu verschlämmen. Das Substrat in den nächsten Wochen bis zum Anwachsen der Wurzeln nicht austrocknen lassen. Bei Frost nicht mehr gießen.

Stecklinge im Wasserglas bewurzeln lassen

***Die einfachste Methode**, um Stecklinge zu ziehen, ist die Bewurzelung im Wasserglas („Stecklingsvermehrung“, siehe auch Seite 44). Für diese Vermehrungsart sind Pflanzen geeignet, die nicht verholzen, sondern sich gerade an den wachsenden Sprossspitzen eher „weich“ anfühlen wie Begonie, Tradeskantie, Buntnessel oder die Zimmerlinde. Gerade diese „Weichhautigkeit“, die ihren Grund in den wasserreichen Gewebezellen hat, macht sie aber angreifbar für Pilzsporen. Denn im feuchten Milieu wachsen Pilze besonders gut. Deshalb sind wichtig: ein sauberes, scharfes Messer oder eine frische Rasierklinge (siehe Seite 15) und die richtige Schnitttechnik (siehe Schritt 2), bei der das Gewebe glatt geschnitten und nicht zusammengedrückt wird.*

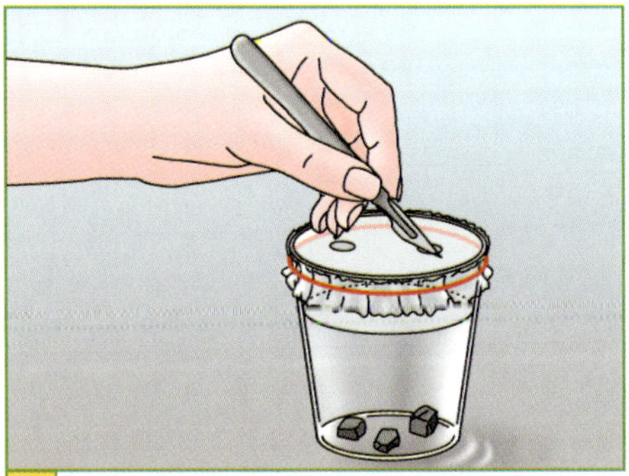

1 Das Glas vorbereiten Ein Glas zu zwei Dritteln mit frischem Leitungswasser füllen und einige Kohlestückchen hineinlegen. Dann eine dehnbare Haushaltsfolie straff über den Glasrand ziehen und mit einem Gummiband fixieren. Nun einige kleine Löcher in die Folie stechen.

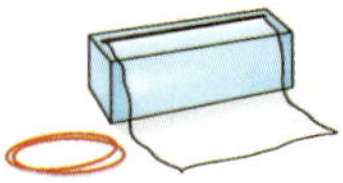

Folie und Haushaltsgummi

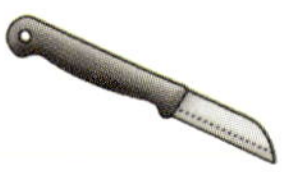

Messer

Glas und Kohle

2 Stecklinge schneiden Geeignet für Kopfstecklinge sind weiche, biegsame Sprossspitzen schnell wachsender diesjähriger Triebe, die nicht blühen. Die Triebspitzen mit einem ziehenden Schnitt direkt unterhalb eines Blattknotens auf einer Länge von 6–8 cm (2–4 Blattpaare) abschneiden.

3 Unterste Blattpaare entfernen Entfernen Sie die untersten 2–3 Blattpaare (mit der Hand abknicken oder mit dem Messer abtrennen), möglichst ohne die Blattknoten am Stängel zu verletzen. Zum Schluss sollte der Steckling noch 2–3 Blätter an der Triebspitze haben.

Der beste Zeitpunkt für diese Art der Stecklings-vermehrung ist das Frühjahr und der Sommer.

4 Stecklinge stecken Stecken Sie den Steckling durch eines der Löcher in der Folie in das Wasserglas oder in den mit Sand-Erde-Gemisch gefüllten Topf (siehe Seite 44), und zwar so weit, dass der Blattschopf über der Folie (bzw. über der Erde) stehen bleibt.

5 Wurzeln ansetzen lassen Das Glas mit den Stecklingen auf die warme, aber nicht zu sonnige Fensterbank stellen. Damit die Schnittstellen immer im Wasser stehen, von Zeit zu Zeit frisches Wasser nachgießen. Wenn einer oder mehrere Stecklinge welken, diese heraus-nehmen und das Glas neu ansetzen.

6 Jungpflanzen in Töpfe setzen Wenn der Steckling ausreichend Wurzeln gebildet hat, sollte er eingetopft werden. Füllen Sie kleine Ton- oder Plastiktöpfe mit Anzucht- oder Aussaaterde (siehe Seite 14). Den Steckling so tief einsetzen, dass der Wurzelhals mit der Erdoberfläche abschließt, andrücken und gut gießen.

7 Triebspitzen auszwicken An einem hellen, warmen Platz wachsen die jungen Pflanzen rasch. Gerade bei Balkonpflanzen sollten Sie nach einigen Wochen die Triebspitzen mit den Fingern oder einem scharfen Messer abknipsen, damit die Pflanzen buschig wachsen. Ein- bis zweimal wiederholen, bevor die ersten Blüten kommen.

Stecklinge in Erde-Sand-Gemisch anziehen

***Beim Durchblättern** von Gartenzeitschriften erscheint die Methode, Stecklinge in kleinen Töpfen zu ziehen, besonders einfach. Viele Garten- und Zimmerpflanzen sind dafür geeignet – vor allem diejenigen, die im Frühjahr und Sommer ein kräftiges Wachstum an den Sprossenden zeigen. Die Stecklinge für die Anzucht in Substrat werden von nicht oder nur wenig verholzenden Pflanzen genommen, die etwas festeres Gewebe haben wie Fuchsien (siehe Foto), Efeu, Efeutute, Passionsblume oder auch Hortensien.*

Das Substrat sollte ein Gemisch aus einem Teil Sand und einem Teil steriler Erde sein und ständig feucht gehalten werden (siehe Seite 14). Der beste Zeitpunkt ist die warme Jahreszeit, also das späte Frühjahr und der Sommer.

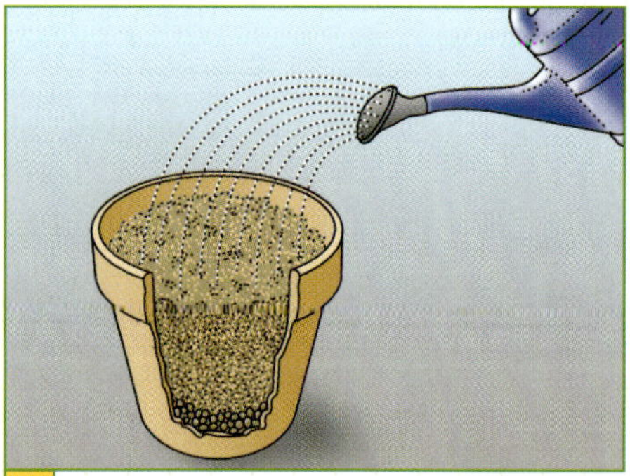

1 Das Substrat einfüllen In einem kleinen Ton- oder Plastiktopf kommt über das Abzugsloch eine Drainageschicht aus Tonscherben oder Kieselsteinen, darüber ein Gemisch aus gleichen Teilen von Anzuchterde und Sand (siehe Seite 15, Schritt 4). Das Substrat gut anfeuchten, überschüssiges Wasser ablaufen lassen.

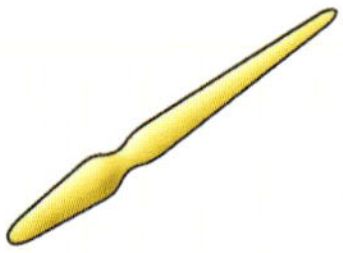

Pikierstab

2 Stecklinge schneiden Teilstecklinge werden oft von rankenden Blattpflanzen genommen (Efeu, Efeutute, Philodendron), aber auch von Fuchsien. Von jungen Trieben Teilstücke von 5–8 cm Länge schneiden. Direkt unter einem Knoten und direkt über einem Knoten einen glatten Schnitt ausführen. Der Steckling sollte 1–2 Blätter haben.

3 Stecklinge stecken Bohren Sie mit dem dickeren Ende des Pikierstabes ein kleines Pflanzloch. Die Stecklinge so stecken, dass die Blätter direkt über der Erde stehen. Sind mehrere Stecklinge in einem Topf, sollten sich die Blätter nicht berühren. Nun die Stecklinge mit Zeigefinger und Pikierstab andrücken.

Cloche

Sand-Erde-Gemisch

Die Blätter sollten das Folienzelt nicht berühren; hier hilft ein kleines „Gerüst“ aus Stäben.

4 **Topf und Folie** Stecklinge, die im feuchten Substrat bewurzeln sollen, brauchen eine hohe Luftfeuchtigkeit. Nach dem Angießen eine durchsichtige Plastiktüte wie ein Zelt über die Stecklinge legen. Binden Sie die Plastikhaube am Topfrand mit einem Gummiband fest. Stark beschlagene Folien auswechseln.

5 **Bewurzeln lassen** Einfacher ist das Aufstellen der Stecklinge in einem großen Anzuchtkasten. Kasten oder Töpfe mit Folie an einen warmen, schattigen Platz stellen. Substrat feucht halten und oft sprühen. Sobald die Stecklinge angewachsen sind, Folie bzw. Deckel allmählich entfernen und heller stellen.

6 **Stecklinge umtopfen** Sobald sie vermehrt neue Blätter bilden, kann man sie in größere Töpfe setzen. Diese sollten 1 cm größer sein als der Wurzelballen. Mehrere Stecklinge im Topf vorsichtig auseinander ziehen. Nach dem Eintopfen angießen, warm und hell stellen. Balkonpflanzen ausknipsen (siehe Seite 43).

Stammstecklinge abnehmen

***Eine gute Möglichkeit**, ältere, meist schon etwas kahle Yucca-Palmen (siehe Foto), Drazänen oder nicht rankende Baumfreund-Arten zu verjüngen, ist die Vermehrung durch Stammteilstücke. Auch der Gummibaum lässt sich durch diese Methode einkürzen. Bei ihm sollte man ein beblättertes Stammstück verwenden. Dieses wird senkrecht gesteckt, die Blätter werden um einen Stab gerollt, der auch die nötige Festigkeit gibt, und mit Schnur festgebunden („Gummibaum abmoosen“, siehe Seite 54). Stammstecklinge sind recht robust gegen Schaderreger, aber sie brauchen eine relativ hohe Bewurzelungstemperatur (eine Heizmatte ist nützlich) und, über einen längeren Zeitraum hinweg, hohe Luftfeuchtigkeit. Beides sollte man regelmäßig kontrollieren, damit die Bewurzelung gut gelingt.*

Wundwachs

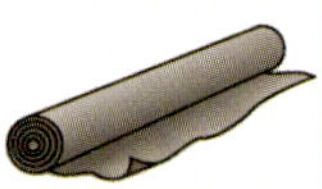

schwarze Folie

Säge

1 Die Pflanze austopfen Sitzt der Wurzelballen der Pflanze sehr fest im Topf, ist es günstig, den Ballen zunächst gut zu wässern. Klopfen Sie den Topf rundum auf eine Kante, damit sich die Wurzeln vom Topfrand lösen. Fassen Sie die Pflanze am unteren Teil des Stammes an und ziehen Sie sie heraus.

2 Stamm in Stücke schneiden Die Stecklinge nimmt man von den obersten 50 cm der Triebspitze, die meist noch beblättert ist. Blätter abstreifen und den Stamm mittels Gartenschere oder Säge in etwa 10 cm lange Stücke schneiden. Die Trennlinie sollte in der Nähe eines Blattknotens sein, die Stecklinge 2–4 Augen besitzen.

Fixieren Sie waagrechte Stecklinge mit einem U-Draht auf dem Substrat, ohne sie zu quetschen.

3 Schnittstellen versorgen Legen Sie die Stecklinge in Wuchsrichtung vor sich auf den Tisch. Die Wuchsrichtung des Stammstückes muss die gleiche bleiben wie vorher – die Augen zeigen nach oben. Schnittstellen antrocknen lassen. Stecklingsoberseite mit Wachs versiegeln, die Unterseite mit Holzkohlepuder bepudern.

4 Stecklinge setzen Stammstecklinge von Yucca-Palmen werden senkrecht in kleine Töpfe gesteckt, die mit feuchtem, durchlässigem Sand-Erde-Gemisch (siehe Seite 14) gefüllt sind. Die Stammstücke so setzen, dass der untere Teil 3–5 cm tief im Boden steht und der Steckling nicht umkippt. Andrücken und gießen.

5 Stecklinge waagrecht auflegen Stammstecklinge von Drazänen und Baumfreund werden waagrecht auf das Anzuchtsubstrat gelegt. Beide Schnittflächen nur mit Holzkohlepuder bestäuben. Die Teilstücke bis zur Hälfte in das Substrat drücken, die Augen zeigen nach oben.

6 Unter dunkler Folie bewurzeln Die Stammstecklinge dieser Pflanzen brauchen zum Bewurzeln sehr viel Wärme und hohe Luftfeuchtigkeit. Deshalb mit Folie – bei Yucca-Stecklingen mit schwarzer Folie – bedecken (siehe Seite 45) oder einen Anzuchtkasten benutzen. Bei 25 °C an einem absonnigen Platz bewurzeln lassen.

Ableger bewurzeln lassen

Von vielen rankenden Freilandarten *und einigen Zimmerpflanzen lassen sich ganz leicht Ableger zu Jungpflanzen heranziehen. Sie werden von der Mutterpflanze getrennt und in einem Wasserglas weitergezogen. Möglich ist aber auch das direkte Eintopfen, sowohl bei Grünlilie, Judenbart als auch bei Efeu, Henne mit Küken oder Cotoneaster. Bei beliebten Kletterpflanzen wie Clematis, Glyzine, Lonicera, Kletterhortensie oder Passionsblume legt man eine Ranke wellenförmig auf den Boden, ritzt den Spross zwischen den Wachstumsknoten etwas an, steckt ihn an diesen Stellen mit Draht am Boden fest und lässt sie in einem vorbereiteten Beet bewurzeln („Absenker“, siehe Seite 32). Im darauf folgenden Jahr können Sie die Jungpflanzen abnehmen.*

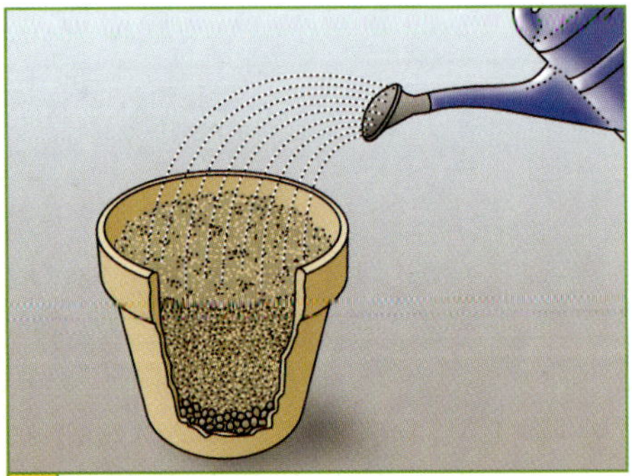

1 Topf vorbereiten Da Ableger robuster sind als Stecklinge, denn sie werden ja nicht verletzt, kann man als Anzuchterde auch normale Blumenerde verwenden. Füllen Sie einen kleinen Topf mit Erde. Günstig ist es, wenn Sie als unterste Schicht eine dünne Lage Tonscherben einfüllen.

Gartenschere

Wasserglas

Töpfchen mit Erde

2 Ausläufer eintopfen Führen Sie einen kräftigen, bereits bewurzelten Ableger zum Topf. Ein ausreichend großes Pflanzloch machen, Pflanze einsetzen und andrücken. Bei Freilandpflanzen (z.B. Erdbeere) an entsprechender Stelle eine Pflanzkuhle ausheben und den Ableger in frische Pflanzerde setzen.

3 Ausläufer fixieren Bei vielen rankenden Pflanzen wie Efeu müssen Ableger noch Wurzeln bilden. Führen Sie eine kräftig wachsende Ranke über den Pflanztopf und fixieren Sie die Ranke an der Stelle, an der sie bewurzeln soll, mit einem U-Draht am Boden.

Grünlilie (siehe Foto) oder Judenbart können ganz einfach im Wasserglas vermehrt werden.

4 Neben Mutterpflanze anwachsen lassen Das Anzuchtsubstrat immer ausreichend feucht halten. Lassen Sie Ableger, die bereits Wurzeln haben, und Ausläufer, die am Boden zur Bewurzelung angeregt werden, neben der Mutterpflanze anwachsen.

5 Jungpflanze abtrennen Wenn die jungen Pflanzen in den Töpfen ausreichend Wurzeln gebildet haben, kann man den Verbindungstrieb von der Mutterpflanze abtrennen. Bei Gartenpflanzen dauert die Bewurzelung etwa ein Jahr. Den Verbindungstrieb jeweils von der Mutter- und Tochterpflanze kurz abschneiden.

6 Ausläufer im Wasserglas bewurzeln lassen Den Ableger für diese Möglichkeit abtrennen und in ein schmales, zu zwei Dritteln mit frischem Leitungswasser gefülltes Glas setzen. Das untere Drittel des Ablegers sollte stets im Wasser sein. Auf die warme, helle Fensterbank stellen.

Blattstecklinge schneiden

***Bei Blattstecklingen gibt es vielerlei Möglichkeiten**, was die Schneid- und Stecktechniken angeht. Gemeinsam ist ihnen, dass man entweder das ganze Blatt (Usambaraveilchen, Zwergpfeffer, Fetthenne) oder Teilstücke davon (Gloxinie, Drehfrucht, Königsbegonie) zur Wurzelbildung anregt. Besorgen Sie sich einen kleinen Anzuchtkasten mit Deckel („Minigewächshaus"), denn in Töpfen unter Folie lässt sich die Berührung der Blätter mit der Plastikfolie fast nicht vermeiden. Und so wächst die Fäulnisgefahr. Wichtig ist, gerade bei Sukkulenten, ein gut durchlässiges Erde-Sand-Gemisch (siehe Seite 14). Schneiden Sie Blattstecklinge möglichst in der warmen, sonnigen Jahreszeit – die tropischen Pflanzen bewurzeln im Sommer besser.*

1 Blattsteckling von Usambaraveilchen Schneiden Sie ein gesundes, ausgewachsenes Blatt mitsamt dem Stiel ab und kürzen Sie den Stiel mit einem glatten Schnitt auf 2–3 cm ein. Mit dem Pikierholz ein Loch vorbohren und den Steckling so tief einstecken, dass das Blatt die Erde gerade berührt.

Schere

2 Blattbegonien-Blätter anritzen Hier ein gesundes, kräftiges Blatt abtrennen, den Stiel am Blattgrund abschneiden, dann auf der Blattunterseite mit einem scharfen Messer an den kräftigsten Blattadern einen 1 cm langen Querschnitt ziehen. Das Blatt mit der Oberseite nach oben auf Substrat legen, mit Kieselsteinchen beschweren (siehe Schritt 6).

3 Drehfrucht und Gloxinie Bei diesen wird auch ein gesundes, kräftiges Blatt entnommen und präpariert. Durch den Schnitt werden die Blattadern verletzt, an denen neue Pflänzchen entstehen. Die Mittelrippe durch zwei Schnitte entfernen und die beiden Blattteile waagrecht, mit der Schnittseite nach unten, in Substrat stecken.

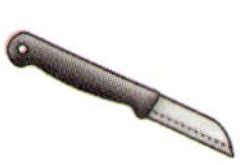

Messer

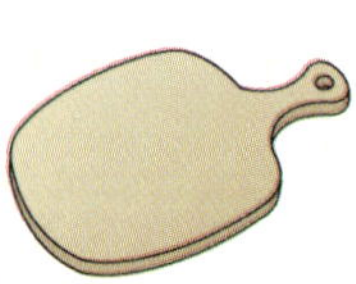

Holzbrett

Verwenden Sie stets nur Messer mit sauberen Klingen.

4 **Blattstecklinge von Sanseverie** Die Sorten mit gelbrandigen Blättern bilden nur rein grüne Nachkommen aus. Entnehmen Sie ein jüngeres, eher fleischiges Blatt und schneiden es quer in etwa 5 cm lange Abschnitte. Die Stücke nebeneinander oder hintereinander in Anzuchtsubstrat stecken.

5 **Dickblattgewächse** Pflanzen aus dieser Familie wie die Fetthenne lassen sich ebenfalls über Blattstecklinge vermehren. Eines der unteren Blätter vorsichtig abbrechen, ohne Blatt oder Stängel zu verletzen. Die Bruchkanten einige Tage trocknen lassen. Mit der Bruchstelle voraus in Anzuchtsubstrat stecken.

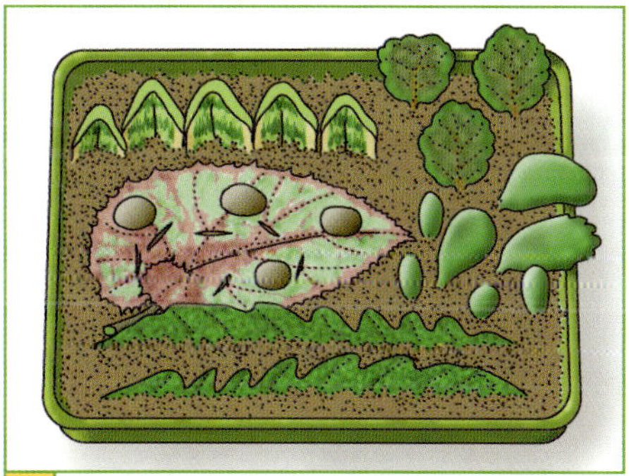

6 **Blätter auflegen – ein Überblick** Sanseverie (links oben), Usambaraveilchen oder Zwergpfeffer (rechts oben), Königsbegonie (Mitte links), Dickblattgewächse (Mitte rechts), Drehfrucht oder Gloxinie (unten). Die Blattstücke etwa zu einem Drittel in Erde stecken und gut andrücken (außer die Blätter der Königsbegonie).

7 **Im Anzuchtkasten bewurzeln** Im Vermehrungskasten oder „Minigewächshaus" bewurzeln die Blattstecklinge am einfachsten. Es geht aber auch in Töpfen, die eine Folienhaube tragen (siehe Seite 45). Nur Sanseverien-Blattstecklinge benötigen keine Abdeckung. Stellen Sie die Stecklinge an einen warmen, absonnigen Platz. Weitere Pflege siehe Seite 45.

Kindel – *Tochterpflanzen abnehmen*

***Einige unserer Zimmerpflanzen**, die normalerweise als Epiphyten auf den Bäumen tropischer Regenwälder wachsen (Bromelien, Orchideen), bilden über Ausläufer immer wieder neue Pflanzen aus, die direkt neben ihnen stehen. Die Blüte einer Tochterpflanze lässt leider 2–3 Jahre auf sich warten.*
Wichtig ist der richtige Zeitpunkt – die Kindel sollten beim Abtrennen halb so groß wie die Mutterpflanzen sein. Bei Orchideen, aber auch bei den Bromelien, spielt zudem das richtige Substrat eine große Rolle. Es muss nährstoffarm, steril und sehr durchlässig sein, denn die Pflanzen verfügen als Epiphyten über Mechanismen und spezielle Zellen, um Wasser und Nährstoffe über einen längeren Zeitraum zu speichern – sie gehen bei einem Überangebot an Wasser und Nährstoffen ein.

1 Komplette Pflanze austopfen Lassen Sie die Kindel so lange wachsen, bis sie etwa die halbe Größe der Mutterpflanze erreicht haben – auch wenn in dieser Zeit die Mutterpflanze allmählich abstirbt. Dann können Sie den Pflanzstock austopfen.

Messer

Orchideenerde

Topf

2 Die Tochterpflanzen abnehmen Lockern Sie zunächst das Wurzelgeflecht etwas auf und ziehen Sie dann vorsichtig die Tochterpflanze ab. Achten Sie darauf, dass die Kindel ausreichend eigene Wurzeln haben. Gegebenenfalls den Pflanzstock mit einem scharfen Messer durchtrennen.

3 Tochterpflanzen eintopfen Die Kindel in neue Töpfe setzen, die nur wenig größer als der Wurzelballen sind. Als Substrat Blumenerde – am besten mit Styropor oder Blähton vermischt – verwenden. Die Jungpflanzen reichlich gießen und an einem warmen, eher schattigen Ort anwurzeln lassen.

Kindel können Sie auch bei Agave, Sanseverie und Klivie abnehmen.

4 Orchideen Diese werden erst dann geteilt, wenn sie im alten Topf schon fast über den Rand hinaus wachsen. Viele Arten bilden kurz über dem Boden dicke Speicherorgane, die Pseudobulben, aus denen die Blätter wachsen. Orchideen ohne Pseudobulben kann man nur teilen, wenn sie nach der Blüte Kindel ausbilden.

5 Orchideen mit Pseudobulben teilen Jedes abgeteilte Stück muss mindestens vier Pseudobulben haben. Trennen Sie zunächst den Stock in zwei Hälften, dann alle Pseudobulben entfernen, die keine Blätter mehr tragen, und die gewünschten Stockteile abtrennen. Dabei altes Blattwerk entfernen.

6 Geteilte Orchidee eintopfen Jeder neue Pflanzpulk sollte ausreichend Wurzeln haben (mit etwa 15 cm Länge). Dann in einen mit Orchideenerde gefüllten Topf einsetzen, der nur wenig größer als der Wurzelballen ist. Topfen Sie so, dass die Basis der Pseudobulben auf gleicher Höhe mit dem Topfrand liegt.

Abmoosen bei Zimmerpflanzen und Gehölzen

Mit eine der spannendsten Methoden *der Vermehrung ist das Abmoosen. Es ist interessant, dass dies nicht nur beim Gummibaum, sondern auch bei Schefflera, Dieffenbachie, Drazäne, Fensterblatt, Fingeraralie, ja sogar bei einigen Gartensträuchern funktioniert (Magnolie, Rhododendron, Zaubernuss).*
Am besten eignen sich Zweige oder Triebendstücke, die aus dem letzten oder vorletzten Jahr stammen.
Nehmen Sie die Ableger von Zimmerpflanzen im Sommer, von Gartensträuchern im Frühjahr. In Blumenbindereien oder kleineren Gärtnereien bekommen Sie immer etwas Torfmoos.

1 Stamm beim Gummibaum einschneiden Zunächst einen schrägen, etwa 5 mm tiefen und 2,5 cm langen Schnitt in Richtung Sprossspitze setzen – und zwar kurz unterhalb des oberen Sprossabschnitts (mit 4–6 Blättern) und kurz unterhalb eines Blattknotens. Benutzen Sie ein sauberes, scharfes Messer.

2 Den Schnitt fixieren Damit der Schnitt offen bleibt, schieben Sie mit dem Messerrücken etwas Moos zwischen Schnittzunge und Spross oder klemmen Sie ein Streichholz dazwischen. Wenn es möglich ist, vorher die Schnittstelle mit einem Pinsel mit etwas Bewurzelungsmittel bestäuben.

3 Schnittstelle in feuchtes Moos packen Dann die Schnittstelle großzügig in feuchtes Moos packen. Die Wunde muss von allen Seiten mit Moos bedeckt sein. Die Moospackung mit einer Schnur am Spross festbinden.

Torfmoos

Schnur

Sprüher

Bei Gehölzen kann das aufgelockerte Moos mit eingepflanzt werden.

4 Dunkle Folie darüber binden Folie um das Moos legen, oben und unten mit einer Schnur am Spross festbinden. Öffnen Sie ab und zu die Folienpackung und prüfen Sie, ob das Moos noch ausreichend feucht ist. Falls nicht, mit einem Sprüher das Moos von allen Seiten gut durchfeuchten, die Folie verschließen.

5 Bei Gehölzen den Trieb vorbereiten Wählen Sie zunächst einen geeigneten Zweig aus. Er sollte etwa zwei Jahre alt sein, gerade wachsen und einige kräftig grüne Blätter haben. Auf einer Länge von etwa 30 cm (bis auf die Sprossspitze) alle Blätter und Zweige mit einer Gartenschere abknipsen (siehe Schritt 1).

6 Schnittstelle bei Gehölzen verpacken Setzen und versorgen Sie den Schnitt wie in den Schritten 1–4 beschrieben. Prüfen Sie ab und zu, ob sich schon Wurzeln an der Schnittstelle gebildet haben. Warten Sie mit dem Abtrennen eventuell bis zum nächsten Frühjahr. Sind aber bereits im Herbst Wurzeln zu sehen, kann die Folie geöffnet werden.

7 Ableger eintopfen bzw. einpflanzen Schneiden Sie die Ableger direkt unter der Moospackung ab. Dann die Folienmanschette entfernen und das Moos bei Zimmerpflanzen wegzupfen. Topfen Sie die Ableger in einen Topf, der etwa 5 cm größer als der Wurzelballen ist; die Zweige der Gehölze noch einkürzen (siehe Seite 32). Gut angießen, die Gehölze nach einem Jahr ins Freiland setzen.

Exotisches aus Früchten ziehen

Die beste Zeit, exotische Pflanzen *aus Früchten zu ziehen, ist Anfang Februar. Besorgen Sie sich ein Minigewächshaus und noch eine Heizmatte dazu – so klappt die Bewurzelung besser. In den Schritten auf den nächsten vier Seiten wird die Vermehrung von Avocado, Mango, Ananas und Ingwer beschrieben. Es ist aber möglich, auch andere exotische Pflanzen aus tropischen Früchten zu ziehen. Chilischoten sollte man z.B. trocknen lassen. Die Samen herausnehmen, auslegen und bei 21 °C in einer Anzuchtschale auf die Fensterbank stellen. Bei Erdnüssen die Nüsse aus den Hülsen nehmen, schälen und in sandiges Anzuchtsubstrat in einen 9-cm-Topf stecken und mit Erde bedecken. Bei hoher Luftfeuchte (80 %) und 20 °C an einem sonnigen Platz keimen lassen.*

1 Ananas auswählen Für eine erfolgreiche Vermehrung ist es am besten, wenn Sie eine frische Ananas auf dem Wochenmarkt kaufen – das gilt auch für die anderen Früchte. Wählen Sie eine reife Ananas aus, die einen frischen, grünen Blattschopf aufweist.

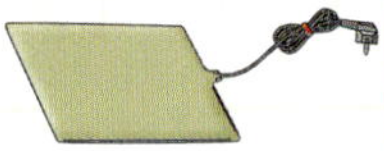

Heizmatte

Sprüher

Holzkohlepuder

2 Blattschopf abtrennen Trennen Sie den Blattschopf und die obersten 2 cm der Frucht mit einem scharfen, großen Messer vom Rest der Ananas ab. Ist das Fruchtfleisch weich und schmeckt süß, präparieren Sie den Blattschopf weiter. Schmeckt es säuerlich, ist die Ananas noch nicht reif genug.

3 Blattschopf präparieren Entfernen Sie bei dem Blattstrunk das Fruchtfleisch und die unteren Blätter, bis ein 2–3 cm langes Stück des Stammes frei liegt. An diesem Blattstrunk sind zuweilen schon die kleinen Würzelchen zu sehen. Bestäuben Sie den Strunk mit Holzkohlepuder.

Verwenden Sie zum Vermehren auf keinen Fall geröstete Erdnüsse.

4 Blattschopf eintopfen Setzen Sie den Blattschopf in einen mit Erde-Sand-Gemisch (siehe Seite 14) gefüllten Topf, und zwar so, dass der Strunk gut im Substrat sitzt. Gut andrücken, angießen und an einen sehr warmen (22–25 °C), sonnigen Platz stellen. Erde feucht halten und die Blätter regelmäßig besprühen.

5 Ingwerwurzeln auflegen Besorgen Sie sich frischen Ingwer (siehe Foto) und schneiden Sie ein 7–10 cm langes, junges Randstück des Rhizoms ab. Füllen Sie einen größeren Topf mit Blumenerde und feuchten Sie diese an. Ingwer flach auflegen, etwas andrücken und zur Hälfte mit Erde bedecken. Warm und hell stellen.

6 Im Folientopf bewurzeln lassen Die Anzucht exotischer Früchte erfolgt zwar am besten in einem „Minigewächshaus", aber dafür sind z. B. Avocado- und Ananaspflanzen zu groß. Diese stellt man besser in einen „Folientopf" (siehe Seite 45) auf eine helle, warme Fensterbank und legt eine Heizmatte unter die Töpfe.

Tropische Früchte vermehren

***Die Samen der Papaya** in ein Sieb legen und unter fließendem Wasser Fruchtfleisch entfernen. In einen Topf mit Anzuchterde legen, leicht andrücken und 1 cm hoch mit Erde bedecken. Eine frische Melone an einem kühlen, trockenen Ort lagern, bis sie eine orange-gelbliche Farbe hat. Die Samen mit einem Löffel herausnehmen, in einem Sieb unter fließendem Wasser das Fruchtfleisch entfernen. Dann in einer mit Küchenkrepp ausgelegten Anzuchtschale ausbreiten und 10 Tage an einem warmen, luftigen Platz trocknen. Je zwei Samen in einem 8-cm-Topf auslegen und bei 18 °C keimen lassen. Süßkartoffelknollen in ein Glas mit Wasser stellen, dabei sollte der rundere Teil der Knolle zu 2–3 cm im Wasser stehen. Wenn sich Wurzeln und Triebe zeigen, die Knolle bis zur Hälfte in Erde setzen.*

1 Avocado einweichen Avocadokerne kann man über einem Wasserglas oder in Vermehrungserde bewurzeln lassen. Für die erstere Methode den Kern über Nacht in warmem Wasser quellen lassen, für die zweite Methode eine halbe Stunde in 40–50 °C heißem Wasser.

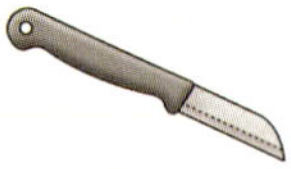

Messer

Aussaaterde

durchsichtige Plastiktüte

2 Avocado anschneiden Für die Wasserglasmethode die braune Haut vom Kern ablösen und von drei Seiten einen Zahnstocher einstechen. Bei der anderen nach kurzem Einweichen in heißem Wasser etwa 1 cm des spitzen Endes mit einem scharfen Messer abschneiden, Schnittfläche mit Holzkohlepuder bestäuben.

3 Avocado einsetzen Avocadokern mit den Zahnstochern in ein Einmachglas hängen. So viel Wasser einfüllen, dass nur die Basis des Kerns im Wasser ist – bei Bedarf Wasser nachfüllen. Den Samen bei der zweiten Methode so tief in feuchte Aussaaterde setzen, dass die Schnittfläche wenig über der Substratoberfläche liegt.

Mango- und Avocadokerne unter hoher Luftfeuchte und Wärme an schattigem Fenster keimen lassen.

4 Mangofrucht herausschälen Bei Mangos steckt der Same in einem Kern wie auch bei Pfirsichen. Zuerst wird der Kern freigelegt. Die Frucht am Rand mit einem Messer oder einer Gartenschere vorsichtig aufschneiden und den Kern herausnehmen. Den Kern unter fließendem Wasser vom Fruchtfleisch befreien.

5 Samenkern der Mango anschneiden Mit einem spitzen Messer in die Rückenmitte einstechen und mit drehenden Bewegungen die beiden Schalen so weit trennen, dass ein Spalt entsteht. Den Spalt so weit erweitern, bis man mit dem Finger eindringen kann.

6 Unter Folie setzen Mangokern mit der Spaltöffnung nach oben auf feuchtes Anzuchtsubstrat legen, zur Hälfte mit Substrat bedecken. Folienhauben über die Töpfe setzen, nicht austrocknen lassen. Hell und warm stellen. Avocados „aus dem Wasserglas“ nach der Bewurzelung in Blumenerde eintopfen, hell stellen.

Pflanzenauswahl auf einen Blick

***In der Tabelle sind alle Pflanzenarten**, die in diesem Buch vorkommen, noch einmal genannt. Ganz allgemein gilt:*

***Ein- und zweijährige Sommerblumen:** Aussaat auf der Fensterbank (S. 18–23; im frühen Frühjahr; Samen im Fachgeschäft kaufen). **Gemüse und Kräuter:** Aussaat ins Beet (S. 24–27) oder Aussaat auf der Fensterbank (S. 18–23); Samen bzw. Jungpflanzen aus den Fachgeschäften verwenden. **Stauden:** Teilen (S. 30); Aussaat selbst gesammelter Samen in Fachbuch nachlesen (S. 63). **Mehrjährige Balkon- und Kübelpflanzen:** Stecklinge (S. 44; im frühen Frühjahr abnehmen). **Sträucher:** Steckhölzer oder Absenker (S. 32–35). **Rankende Gehölze oder Ampelpflanzen:** Ableger/Ausläufer (S. 48; in Erde anwurzeln lassen). **Zimmerpflanzen:** Stecklingsvermehrung (S. 42–51, S. 54).*

NAME/BOTANISCHER NAME	GRUPPE	VERMEHRUNGSART	BESONDERHEITEN
Alpenveilchen *Cyclamen persicum*	Zimmerpflanze	Knollenteilung (S. 38)	Knollen im Sommer ruhen lassen (Topf an schattigen Platz im Garten einsenken)
Ananas *Ananas comosus*	Obst/Gemüse	Blattschopf (S. 56)	
Avocado *Persea americana*	Obst/Gemüse	Aussaat (S. 57, S. 58)	
Baumfreund *Philodendron*	Zimmerpflanze	Stammsteckling (S. 46)	
Birkenfeige *Ficus benjamina*	Zimmerpflanze	Abmoosen (S. 54)	im Hochsommer vermehren; Milchsaft der Schnittwunde abtupfen und dann mit Kohlepuder bestäuben
Blattbegonie *Begonia*	Zimmerpflanze	Kopfsteckling (S. 42)	nach dem Anwurzeln stutzen
Blumenrohr *Canna-Indica*-Hybr.	Beetpflanze	Rhizomteilung (S. 40)	
Brombeere *Rubus*	Obst/Gemüse	Ableger (S. 48)	
Bromelien *Aechmea, Vriesea, Guzmania*	Zimmerpflanzen	Kindel (S. 52)	
Buntnessel *Coleus-blumei*-Hybr.	Zimmerpflanze	Kopfsteckling (S. 42)	bewurzelte Stecklinge stutzen
Chili *Capsicum annuum*	Obst/Gemüse	Aussaat (S. 56)	
Clematis/Waldrebe *Clematis*	Klettergehölz	Ableger (S. 48)	
Cotoneaster *Cotoneaster*	Bodendecker	Ableger (S. 48)	
Dahlie *Dahlia*-Hybr.	Beetpflanze	Knollenteilung (S. 38)	
Dieffenbachie *Dieffenbachia*	Zimmerpflanze	Abmoosen (S. 54)	giftig! Handschuhe tragen
Drazänen *Dracaena*	Zimmerpflanzen	Stammsteckling (S. 46), Abmoosen (S. 54)	
Drehfrucht *Streptocarpus*-Hybr.	Zimmerpflanze	Blattsteckling (S. 50)	
Efeu *Hedera*	Zimmerpflanze, Bodendecker	Kopf- oder Teilsteckling (S. 44), Ableger (S. 48)	Vermehrung einfach
Efeutute *Scindapsus*	Zimmerpflanze	Kopf- oder Teilsteckling (S. 44)	Vermehrung einfach, im Sommer
Elatiorbegonie *Begonia-Elatior*-Hybr.	Zimmerpflanze	Kopfsteckling (S. 42)	nach dem Eintopfen stutzen
Erdnuss *Arachis hypogaea*	Obst/Gemüse	Aussaat (S. 56)	
Fensterblatt *Monstera deliciosa*	Zimmerpflanze	Abmoosen (S. 54)	
Fetthenne *Sedum*	Zimmerpflanze	Blattsteckling (S. 50)	
Fingeraralie *Schefflera actinophylla*	Zimmerpflanze	Abmoosen (S. 54)	
Forsythie *Forsythia*	Strauch	Absenker (S. 32), Steckhölzer (S. 34)	Vermehrung einfach
Fuchsie *Fuchsia*-Hybr.	Balkonpflanze	Kopf- oder Teilsteckling (S. 44)	Stecklinge in Erde-Sand-Gemisch ziehen bei 15–20 °C; mehrmals stutzen
Geranien *Pelargonium*-Arten	Balkonpflanzen	Kopfsteckling (S. 44)	Stecklinge in Erde-Sand-Gemisch ziehen bei 20 °C; auf nicht zu hohe Luftfeuchtigkeit achten; mehrmals stutzen
Gladiole *Gladiolus*	Beetpflanze	Brutknollen (S. 36)	
Gloxinie *Sinningia*	Zimmerpflanze	Knollenteilung (S. 38), Blattsteckling (S. 50)	
Glyzine *Wisteria*	Klettergehölz	Steckhölzer (S. 34), Ableger (S. 48)	nur einjährige Langtriebe bei der Ablegervermehrung verwenden
Grünlilie *Chlorophytum comosum*	Zimmerpflanze	Ableger (S. 48)	Vermehrung im Wasserglas einfach
Gummibaum *Ficus elastica*	Zimmerpflanze	Stammsteckling (S. 46), Abmoosen (S. 54)	

Heckenkirsche/Geißblatt *Lonicera*	Klettergehölz	Ableger (S. 48)	
Henne mit Küken *Tolmiea menziesii*	Zimmerpflanze	Ableger (S. 48)	
Himbeere *Rubus*	Obst/Gemüse	Ableger (S. 48)	
Holunder *Sambucus*	Strauch	Steckhölzer (S. 34)	bei Kopfstecklingen die Blätter vor dem Stecken etwas einkürzen
Hortensie *Hydrangea*	Strauch	Absenker (S. 32), Steckhölzer (S. 34), Kopfsteckling (S. 44)	
Hyazinthe *Hyazinthus orientalis*	Beetpflanze	Tochterzwiebeln (S. 37)	
Ingwer *Zingiber officinale*	Obst/Gemüse	Rhizom (S. 57)	
Johannisbeere *Ribes*	Obst/Gemüse	Steckhölzer (S. 34)	Steckhölzer sollten zwischen 20 und 30 cm lang sein
Judenbart *Saxifraga stolonifera*	Zimmerpflanze	Ableger (S. 48)	
Kletterhortensie *Hydrangea petiolaris*	Klettergehölz	Ableger (S. 48)	
Knollenbegonie *Begonia-Tuberhybrida*-Grp.	Beetpflanze	Knollenteilung (S. 38)	Knollen mit Kohle bestäuben und dann in Sand überwintern; Schnittflächen antrocknen lassen und unter Folie anziehen
Königsbegonie *Begonia-Rex*-Hybr.	Zimmerpflanze	Blattsteckling (S. 50)	
Liguster *Ligustrum*	Strauch	Absenker (S. 32), Steckhölzer (S. 34)	Vermehrung einfach
Lilie *Lilium*	Beetpflanze	Brutzwiebeln (S. 37)	
Magnolie *Magnolia*	Baum	Absenker (S. 32), Abmoosen (S. 54)	
Maiglöckchen *Convallaria majalis*	Beetpflanze	Rhizomteilung (S. 40)	
Mango *Mangifera indica*	Obst/Gemüse	Aussaat (S. 59)	
Melone *Cucumis*	Obst/Gemüse	Aussaat (S. 58)	
Narzisse *Narcissus*	Beetpflanze	Tochterzwiebeln (S. 36)	
Orchideen (verschiedene Arten)	Zimmerpflanzen	Teilen, Kindel (S. 30, 53)	
Papaya *Carica papaya*	Obst/Gemüse	Aussaat (S. 58)	
Passionsblume *Passiflora*	Zimmerpflanze/ Balkonpflanze	Kopfsteckling (S. 44), Ableger (S. 48)	bei 25 °C bewurzeln lassen
Pfingstrose *Paeonia*	Beetpflanze	Knollenteilung (S. 38)	
Rhododendron *Rhododendron*	Strauch	Absenker (S. 32), Abmoosen (S. 54)	
Sanseverie/Bogenhanf *Sansevieria trifasciata*	Zimmerpflanze	Teilung (S. 30), Blattstecklinge (S. 50)	
Schefflera *Schefflera*	Zimmerpflanze	Abmoosen (S. 54)	im Sommer vornehmen
Schneeball *Viburnum*	Strauch	Absenker (S. 32), Steckhölzer (S. 34)	
Schwertlilie *Iris sibirica*	Beetpflanze	Rhizomteilung (S. 40)	
Sommerflieder *Buddleja*	Strauch	Steckhölzer (S. 34)	
Spindelstrauch *Euonymus*	Strauch	Steckhölzer (S. 34)	
Stachelbeere *Ribes*	Obst/Gemüse	Steckhölzer (S. 34)	Steckhölzer sollten zwischen 20 und 30 cm lang sein
Süßkartoffel *Ipomoea batatas*	Obst/Gemüse	Knolle anwurzeln lassen (S. 58)	
Tradeskantie *Tradescantia*	Zimmerpflanze	Kopfsteckling (S. 42)	nach dem Eintopfen stutzen
Tulpe *Tulipa*	Beetpflanze	Tochterzwiebeln (S. 37)	
Usambaraveilchen *Saintpaulia-Ionantha*-Hybr.	Zimmerpflanze	Blattsteckling (S. 50)	Vermehrung einfach
Weide *Salix*	Baum	Steckhölzer (S. 34)	Vermehrung einfach
Wein *Vitis*	Klettergehölz	Steckhölzer (S. 34)	bei 21 °C bewurzeln lassen
Yucca-Palme *Yucca elephantipes*	Zimmerpflanze	Stammsteckling (S. 46)	bei hoher Temperatur (ca. 25 °C) bewurzeln lassen; im Sommer
Zaubernuss *Hamamelis*	Strauch	Abmoosen (S. 54)	
Zierkirsche *Prunus*	Baum	Steckhölzer (S. 34)	
Zimmerkalla *Zantedeschia aethiopica*	Zimmerpflanze	Teilen (S. 30), Rhizomteilung (S. 40)	
Zimmerlinde *Sparmannia africana*	Zimmerpflanze	Kopfsteckling (S. 42)	
Zwergpfeffer *Peperomia*	Zimmerpflanze	Blattsteckling (S. 50)	

Anhang

KOSMOS-BÜCHERTIPPS

Haberer, M.: Vermehrung von Pflanzen. 2. Aufl. 2001.
Deiser E./Eichin R.: Traumhafte Balkone und Terrassen. 1999.
Kursbuch Zimmerpflanzen: Wolff (Hrsg.). 1996.
Mit mein schöner Garten durchs Jahr: Wolff (Hrsg.). 2000.
Rittershausen, B. u. W.: Das große Kosmos Buch der Orchideen. 2001.

Handbuch der Pflanzenvermehrung: The Royal Horticultural Society. Ulmer Verlag, Stuttgart, 2000.

BEZUGSQUELLEN

Pflanzen (Jungpflanzen und Samen), Minigewächshäuser und weiteres Zubehör bekommen Sie im örtlichen Fachhandel (Gärtnereien, Gartencenter, Baumschulen etc.). Sie finden die Adressen in Ihrem Branchenfernsprechbuch.
In einschlägigen Gartenzeitschriften können Sie sich über das Angebot von Pflanzenversendern und speziellen Anbietern informieren.

REGISTER

BILDNACHWEIS

Mit 24 Farbfotos von Blattwerk (S. 1, 11); Ursel Borstell, Essen (S. 21); GartenBildAgentur, Au/Hallertau (S. 2 o, 4/5, 8, 19); Bildarchiv Laux, Biberach/Riß (S. 35, 57); Wolfgang Redeleit, Bienenbüttel (S. 7, 39); Reinhard-Tierfoto, Heiligkreuzsteinach (S. 3, 13, 27, 28/29, 41, 46, 49, 53); Nils Reinhard, Heiligkreuzsteinach (S. 37); Friedrich Strauß, Au/Hallertau (S. 2 u, 16/17, 45, 59).

Mit 233 Farbzeichnungen von Horst Lünser, Berlin.

Alle Angaben in diesem Buch sind sorgfältig geprüft und geben den neuesten Wissensstand bei der Veröffentlichung wieder. Da sich das Wissen aber laufend und in rascher Folge weiterentwickelt und vergrößert, muss jeder Anwender prüfen, ob die Angaben nicht durch neuere Erkenntnisse überholt sind. Dazu muss er zum Beispiel Beipackzettel lesen und genau befolgen, sowie Gebrauchsanweisungen und Gesetze beachten.

Postfach 10 60 11
D-70049 Stuttgart
TELEFON +49 (0)711-2191-0
FAX +49 (0)711-2191-422
WEB www.kosmos.de
E-MAIL info@kosmos.de

Mit 25 Farbfotos, 236 Farbzeichnungen.

Umschlaggestaltung von eStudio Calamar, Spanien unter Verwendung von einem Foto von Reinhard-Tierfoto und drei Zeichnungen von Horst Lünser.

Die Deutsche Bibliothek – CIP-Einheitsaufnahme
Ein Titelsatz für diese Publikation ist bei der Deutschen Bibliothek erhältlich

Gedruckt auf chlorfrei gebleichtem Papier.

ISBN 3-440-08987-8
Redaktion und Bildredaktion: Christiane Theis
Grundlayout: eStudio Calamar
Gestaltung: Christiane Theis
Produktion: Ralf Paucke/Heiderose Stetter
Satz: VerlagsService, Dr. Helmut Neuberger & Karl Schaumann GmbH, Heimstetten
Reproduktion: Repro Schmidt, Dornbirn
Druck und Bindung: Jos. C. Huber KG, Dießen
Printed in Germany / Imprimé en Allemagne